The Cat Book

猫

日本日贩 IPS◆编著　何凝一◆译

河北科学技术出版社

Contents 目录

关于猫的基础知识

猫的历史

猫的起源

6500万~4800万年前，地球上出现一种名为“细齿兽”的动物，它的外形与黄鼬相似。体长30cm，身形细长，后腿较短，四肢均有5个趾和锋利而弯曲的指甲，尾巴长。据推测，猫科动物的祖先可能就是这种细齿兽，或者是与细齿兽血缘相近的物种。

细齿兽栖息于树上，以捕食鸟类、昆虫和啮齿类小动物为生。当时的北美大陆与非洲大陆（当时它们还是同一大陆板块）处于“肉齿目”食肉动物的繁荣时代，细齿兽没有办法在陆地上立足。而猫科动物的出现，大约是在4000万年前，同期出现的还有犬科动物。猫科动物适应了森林中的生活，而犬科动物则更喜欢在草原出没。根据线粒体DNA的分析结果显示，家猫的直系祖先是大约13万年前栖息在中东地区干燥地带的利比亚猫。

在人类将狩猎采集作为主要手段获取食物的时代，猫与人类之间是竞争关系。但当人类开始从事农耕活动之后，由于猫捕食老鼠，进而保护了农作物，于是两者间的关系也转变为共生关系。

最早饲养猫的记录可追溯到9500年前的塞浦路斯岛，但是饲养持续时间的长短则不得而知。不过，在5000年前的埃及，长时间的饲养行为使猫被人类驯化。据推测，这便是现代家猫的直接起源。

利比亚猫

猫的同类

食肉目动物是肉食性的族群，包含的物种丰富多样。脚掌上拥有肉垫的所有动物都可以划分为食肉目，海狮、海象、海豹等鳍足类也可以划分为食肉目。除此以外，狗、熊（包括大熊猫）、黄鼬、小熊猫也属于食肉目。换言之，从分类学上来看，我家的小玉（猫）和波奇（狗）就是亲戚关系。

另外，食肉目裂脚亚目的猫科中包括18属38种（不含亚种、变种、品种）。狮子、老虎、豹、美洲豹、雪豹这些体型较大的动物属于豹属，而猫属则都是体型较小的动物。家猫属于猫属中的野猫种。从物种的角度来说，家猫即是野猫。

除了鳍足类动物以外，食肉目动物最大的身体特征是脚掌长有柔软的肉垫。从高处俯冲直下时，肉垫有减缓冲击的作用，捕猎时能消除脚步声，在岩石上活动时还能防滑，具有相当出色的功能。对于食肉目的动物来说，肉垫可是比牙齿、爪子还重要的武器。

猫终于来到了日本列岛

绳文时代以前，日本列岛上似乎并没有野猫或家猫，只有猞猁。有2种栖息在日本的野生猫科动物——西表山猫和对马山猫，但它们都属于豹猫属。

据文献记载，猫出现在日本大约是在9世纪后半期的平安时代。之后，在《枕草子》和《源氏物语》中都有和猫相关的描述出现。进入镰仓时代后，猫便不再是稀有的动物。另外，随着与中国的贸易日益繁荣，人们会有目的地将猫带入日本，也有不经意随来往商船被运到日本的猫。但无论如何，猫都不是日本土生土长的动物，而是由人作为媒介，直接或间接地带到日本。

猫的血统注册机构

对猫的品种进行分类、对纯种猫进行认证都需要血统注册机构来完成。无论是日本国内还是国外，这样的机构都不少。只要满足各个机构所设的标准，就可以收到其授予的血统证书。不过，在出席猫展时，日本的血统证书并不能在全世界通用。下面的3家机构在众多机构中最正式，也最具权威性。

■ CFA（The Cat Fanciers' Association）/美国

■ TICA（The International Cat Association）/美国

■ FIFe（Fédération Internationale Féline）/瑞典

*猫的品种鉴定并没有统一的标准，依照颁发证书机构的判断而定。

猫的身体

尾巴

除了表达情感以外，在跑动、跳跃和落地时，尾巴还能起到平衡身体的作用。

耳朵

耳朵是猫的5种感官中最灵敏的部分。耳朵可以向不同的方向转动，分辨不同方向传来的声音。

胡须

非常敏感，稍微触碰到顶端都会有反应，是相当重要的感觉器官。胡须的数量因品种和个体而存在差异。

眼睛

相较于脸的大小来说，猫的眼睛可谓非常大。通常认为猫无法识别红色与绿色。大多数猫都是夜行性动物，瞳孔呈纵向的细长状。

鼻子

嗅觉是人类的数万、甚至数十万倍。猫的鼻子并不是像狗一样用来狩猎，而是用来判断食物的新鲜度和确认自己的地盘范围。

嘴巴周边（鼻口）

舌头

表面具有钩状的突起，粗糙不平。有助于猫进食、梳毛和喝水。

趾、指甲

通常来讲前肢有5个趾，后肢有4个趾，而患有“多趾症”的猫也并不在少数。指甲能自由伸缩，猫喜欢磨指甲。

爪子（脚腕、肉垫）

捕猎者特有的体型

在所有的猫科动物中，猫的体型属于小巧类，体重在2.5~7.5kg，体长（头与身体的长度）在19~75cm。与其他的猫科动物一样，猫也有非常强的爬树倾向，即使在家里也喜欢爬上高处。此外，猫出色的平衡力、柔软性，强大的爆发力，锋利的爪子和牙齿，都是捕猎者具备的特征。再者，脚步轻盈、体味不明显同样是猫的优势，可以避免猎物察觉。

年龄与寿命

猫的寿命通常为10~16年，流浪猫的寿命通常为4~6年，饲养在室内的宠物猫则可存活14~18年，可见猫的寿命会因环境的不同而存在巨大的差异。一般来说，出生后1年左右的猫即为具备生殖能力的成年猫，7岁左右会进入高龄期。另外，吉尼斯世界纪录记载的世界上最长寿的猫，是一只生活在美国得克萨斯州、名叫“泡芙”（1967~2005年）的猫。它活了38岁零3天，换算成人类的岁数，相当于168岁左右，非常长寿。

猫的年龄	6个月	1岁	3岁	6岁	8岁	9岁	10岁	13岁	16岁	20岁
人类的年龄	14岁	16岁	20岁	30岁	40岁	50岁	60岁	70岁	80岁	90岁

体型

猫的体型按照骨骼和肌肉的构成、爪子的长度等可划分为几类。以波斯猫为代表的“短身体型”，体型短小，肩部、腰部浑圆结实，尾巴较短；以暹罗猫为代表的“东方体型”，脸部呈倒三角形，四肢纤长，尾巴像鞭子一样。从这两类猫中还能再细分出“不完全短身体型”“不完全外国体型”“外国体型”。除了这五类以外，还增加了身体结实的第六类“长型＆大型体型”。现在，猫的基本体型都是按照这六类进行区分的。

体型	特征	代表品种
东方体型 东方短毛猫	与短身体型完全相反，是6种体型中最修长小巧的体型。特征是头部和四肢较长，肌肉发达，楔形小脸，尾巴像鞭子一样细长	东方短毛猫、暹罗猫、巴厘猫、柯尼斯卷毛猫等
外国体型 阿比西尼亚猫	体型比较修长、肌肉发达，健壮苗条。既不像东方体型那样纤细，又不像短身体型那样浑圆	阿比西尼亚猫、索马里猫、俄罗斯蓝猫、土耳其安哥拉猫、日本短尾猫等
不完全外国体型 埃及猫	介于东方体型和短身体型之间。相比外国体型，这种猫四肢较短，体型更小，肌肉发达，肉感浑厚。较圆的楔形脸是其特征	埃及猫、东奇尼猫、美国卷耳猫、德文卷毛猫、欧西猫、曼切堪猫、斯芬克斯猫等
不完全短身体型 英国短毛猫	四肢、身体、尾巴比短身体型的猫长一些，身体重心略低。肌肉发达，脸大，气质威严	美国短毛猫、英国短毛猫、千岛短尾猫、苏格兰折耳猫、新加坡猫等
短身体型 波斯猫	四肢和身体短小，重心低。头部浑圆，尾巴短、肉垫圆，整体轮廓呈弧形。具有横向生长的肌肉，体型魁梧	波斯猫、喜马拉雅猫、异国短毛猫、缅甸猫等
长型＆大型体型 缅因猫	大型猫，躯干长，肌肉发达。与其他类型相比，体型较大，多为适应严寒北国环境的品种	挪威森林猫、缅因猫、西伯利亚猫、伯曼猫、布偶猫等

眼睛颜色

虽然猫眼睛的颜色（虹膜的颜色）有深浅之分，但大体上可分为铜色、浅茶色、绿色、蓝色4种。此外还有一些特例，比如基因突变导致黑色素缺乏引起的“白化症”，会让猫的眼睛看起来呈红色；还有左右双眼颜色不一的“虹膜异色”。另外，刚出生不久的幼猫虹膜色素还未沉积，因此不管是什么品种，眼睛多半会呈蓝色，这就是所谓的“幼猫蓝（Kitten Blue）”。

绿色	浅茶色	金色	黄色	琥珀色	铜色	蓝色	异色

被毛的种类和颜色

被毛的长度

根据被毛的长度，可将猫分为“短毛”“长毛”“无毛”3种。

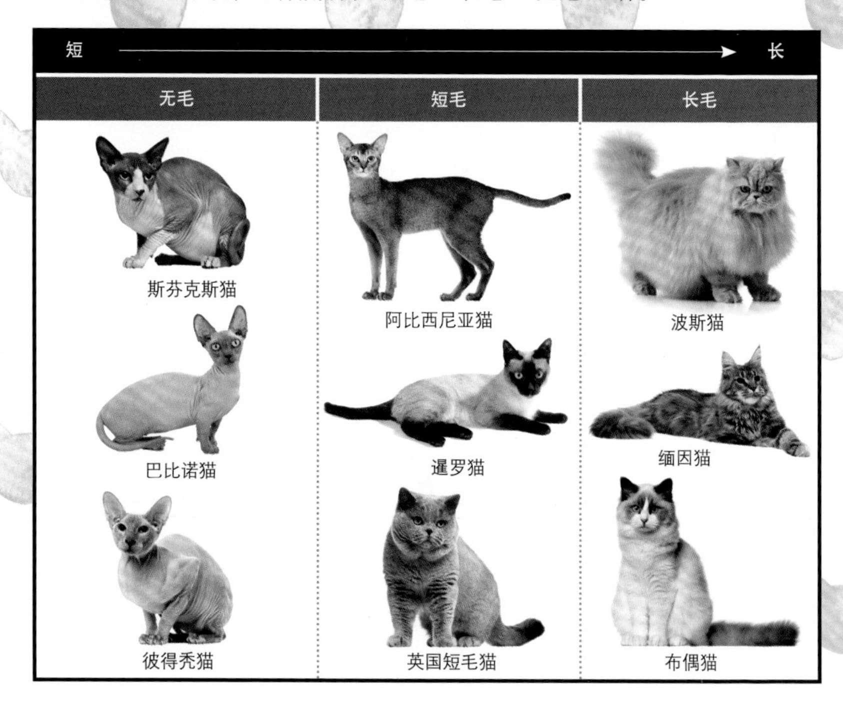

被毛的颜色和斑纹

猫的被毛因品种和个体而异，毛色、毛质、斑纹（花样）多种多样。这种差异性是由父母双方控制毛色的基因共同决定的，具体的遗传机制尚不明确。被毛整体显现的基本颜色即是基础色，除“白色”“黑色”“巧克力色”“浅茶色”“红茶色”以外，还有毛色突变形成的“淡色”。此外还有几种配色：在基础色上散布着红色系的被毛，这种配色被称为“玳瑁”（日本将这种配色的猫称为锈色猫）；被毛上有各种颜色的条纹花样，这种配色被称为“虎斑（条纹花样）”；仅耳朵、面部、四肢的顶端、尾巴的毛色较深，这种配色被称为“重点色”；仅身体一部分是白色被毛，这种配色被称为“白斑”；在基础色之下还有银色或金色的毛色混杂，这种配色被称为“多层色”。总之，猫的被毛颜色和斑纹变化有着多种多样的类型。

基础色	白色系	黑色系	巧克力色系	浅茶色系	红色系
	白色	黑色、蓝色、蓝色－焦糖色	巧克力色、浅紫色、浅紫色－焦糖色	浅茶色、浅黄褐色、浅黄褐色－焦糖色	橘色、奶油色、杏黄色

玳瑁	黑色系	巧克力色系	浅茶色系
	黑色玳瑁、蓝色玳瑁、蓝色－焦糖色玳瑁	巧克力玳瑁、浅紫色玳瑁、浅紫色－焦糖色玳瑁	浅茶色玳瑁、浅黄褐色玳瑁、浅黄褐色－焦糖色玳瑁

虎斑				
鲭鱼虎斑	古典虎斑	斑点虎斑	细纹虎斑	刺鼠虎斑

重点色		
喜马拉雅重点色	貂皮色重点色	深褐色重点色

白斑						
白手套	燕尾服	面具和披风	帽子和马鞍	喜鹊	花斑	梵

多层色			
银色	银色－金吉拉色	银色－阴影色	银色－烟色
金色	金色－金吉拉色	金色－阴影色	金色－烟色

Abyssinian

阿比西尼亚猫

19世纪诞生于英国，1896年阿比西尼亚猫的血统正式得到承认。不过关于它的起源问题有不同的说法。一种说法称它由生活在埃及的野生利比亚猫驯化而来；另一种则是说在1868年英属阿比西尼亚（现埃塞俄比亚）战争中，英国士兵将一只来自埃及亚历山大港，名为“泽拉”的母猫带回了英国，与当地的虎斑交配后产下了阿比西尼亚猫。真相至今不明。

阿比西尼亚猫身体灵活，肌肉结实，头部呈带有弧度的V字形，眼睛如饱满的杏仁，耳朵较大。因其动听的叫声广为人知，用“如银铃般悦耳”来形容都不为过。而最大的特征当属它身上的“细纹虎斑”花纹。阿比西尼亚猫的被毛呈一条一条浓淡相交的条纹状，在光的作用下看起来顺滑柔亮，如同编织物一般。细纹虎斑与古埃及壁画中描绘的猫的毛色非常相似，由此推断基因突变产生这种毛色的时期应该是在远古时期。

原产国 埃及、英国
诞生年份 19 世纪
体重 2.5~4.5kg
体型 外国体型

被毛种类 中等短毛
被毛颜色 暗红色（较深的茶色）、红色（砖红色）、蓝色、浅黄褐色、银色
眼睛颜色 金色、绿色、褐色

拥有结实肌肉的阿比西尼亚猫。

性格

动作敏捷，叫声小，性格非常温顺，对生活环境具有很强的适应性。因此被称为“最适合在公寓饲养的猫咪”。

由脸颊延伸至眼角的条纹花样酷似埃及艳后——古埃及女王克丽奥佩特拉，因此得名“埃及艳后斑纹”。

【上图】十分稀有的银色阿比西尼亚猫。【下图】阿比西尼亚猫的幼猫，大耳朵非常可爱。幼猫抵御寒冷的能力较弱，冬天的时候请准备毛毯给它们保暖。

猫咪肢体动作的含义 Part 1

睡觉

日语中“猫”一词源于“睡觉的孩子”，可见一天中的大部分时间，猫都是在睡觉中度过。这是猫科动物和食肉动物的共性，与食草动物相比，它们获得食物的机会较少，但另一方面，在摄入高热量的食物之后，很长一段时间内都没有进食的必要，而且睡觉可以抑制热量的消耗。尤其是生活在安稳环境里的家猫，吃喝不愁，据说一天可以睡20个小时，期间还会做梦。

磨爪子

不仅猫有这种行为，狩猎型的动物大多都会磨爪子。将变钝的指甲磨尖，以便随时捕猎。此外，对于其他猫来说，这也有划分地盘、宣告领地的含义。像流浪猫这样生活在室外的猫，会在粗壮的树干上磨爪子，而家猫会选择墙壁、柱子。为了避免在室内、家具上留下痕迹，最好提前准备好专用的猫抓板，并教会猫咪在猫抓板上磨爪子。

舔毛

一般来说，猫都会通过舔毛来保持全身的被毛顺滑。关于舔毛的理由众说纷纭，比如“除去灰尘，保持被毛根部的敏锐感”“调节体温”“除臭”“预防皮肤病”“放松”“促进皮肤的血液循环”“除静电”等。另外，猫的舌头上有密密麻麻的细小突起，构造如同刷子一般。猫会将舌头缠住的浮毛和杂物吞进肚子，再以“毛球”的形式吐出来，这是猫的习性。

尾巴的动作

【直立】……开心、撒娇，心情比较愉悦的时刻。【左右摇摆】……不高兴的时候会大幅度快速地摇摆；放松时也会大幅度地摇摆，但动作比较缓慢。【夹在后腿间】……害怕的时候。【低垂】……身体不舒服、无精打采的时候。【毛发完全竖起】……受到威胁、惊吓的时候。【缠住其他猫或其他人】……对对方抱有喜爱之情。

American Curl

美国卷耳猫

美国卷耳猫的标志性特征便是向外翻卷的耳朵。1981年，美国加利福尼亚州莱克伍德的卢加夫妇家闯入两只迷路的小猫。让人不可思议的是，小猫耳朵的软骨部分都向后翻起。这便是美国卷耳猫的起源。

可惜，其中一只不幸死于事故。夫妇俩给另一只母猫取名为“舒拉密斯”，长大的舒拉密斯生下4只幼猫，2只与它一样是卷耳。在这两只幼猫的基础上，人们对该种猫进行了巩固和改良，之后便出现了这个新品种。

卷耳这一特征是由基因突变造成的，美国卷耳猫生下的幼猫中大约半数都会表现出此特征。不过，刚出生的卷耳猫，耳朵与普通的猫无异，呈完全直立的状态。出生2~10天后，随着软骨的生长，耳朵顶端开始翻卷。另外，除了卷耳以外，触感如丝绸般顺滑的被毛、修长的尾巴、杏仁形的大眼睛也让它充满魅力。

原产国 美国
诞生年份 1981 年
体重 3.0~6.5kg
体型 不完全外国体型

被毛种类 长毛、短毛
被毛颜色 全色
眼睛颜色 全色（重点色为蓝色）

美国卷耳猫一家。

性格
可爱温顺，聪明听话。另外，美国卷耳猫不太调皮，留猫咪独自在家也没问题。

【上图】长毛美国卷耳猫。长毛品种最好每天早晚都用刷子梳理一下被毛。【左下图】毛色多种多样。【右下图】短毛美国卷耳猫。

American Shorthair

美国短毛猫

美国短毛猫是美国的代表猫种。据说美国短毛猫的祖先诞生于17世纪，当时在英国国内受到镇压的清教徒*为寻求新天地，纷纷乘船前往美国。出于消灭船内老鼠的考虑，他们将短毛猫从欧洲带到了美国。因此，远渡美国的短毛猫最初并不是作为宠物，而是作为消灭老鼠和蛇的实用性动物被人们饲养。

成为宠物后，美国短毛猫的人气也渐渐高涨，为了与其他短毛品种有所区别，1906年美国短毛猫以“短毛家猫（Domestic Shorthoar）”的名字正式登记在册。不过，这个名字却给人留下了“杂种”的印象，人气也因此滑落。1966年，为了摆脱这一困境，才更名为美国短毛猫，而人气也瞬间恢复。

美国短毛猫的特征是圆脸尖下巴，斑纹遍布全身。如今它仍然具有非常强的捕猎能力，甚至有“捕鼠小能手”的美名。

原产国 美国、欧洲
诞生年份 17 世纪
体重 3.5~6.5kg
体型 不完全短身体型

被毛种类 短毛
被毛颜色 全色
眼睛颜色 全色

性格
活泼聪明，好奇心旺盛，乖巧听话。由于性格比较稳重温柔，所以可以和狗、小孩友好地相处。善于捕猎，消灭有害的动物。

银色经典虎斑是美国短毛猫的代表毛色。

*16 世纪后期出现许多反对英国国教信仰和陈旧观念、主张宗教改革的新教，清教徒是对这类人的统称。

炯炯有神的大眼睛，看起来稍微有一点距离感，毛茸茸的嘴巴周围（鼻口）是其魅力所在。

Exotic Shorthair

异国短毛猫

别名“外来猫”的异国短毛猫诞生于20世纪50年代。当时，人们迫切希望能有一种短毛品种“具有波斯猫的特征，照顾起来又比较省心”，于是异国短毛猫孕育而成。相对来说，它是比较新的品种。

当时，已有用美国短毛猫等短毛品种与波斯猫交配的情况出现，但大部分育种专家极力反对异种交配，而且这种猫在猫展上的评价也不高。那时候，有位名叫简·马丁的美国人对异种交配非常感兴趣，她奔走于育种专家中，致力于品种确认。最后，此品种终于在1966年得到公认。

正因如此，异国短毛猫得到了一些不太体面的绰号，比如“懒散波斯猫”；因为短毛看起来很土气，于是有了“睡衣波斯猫”的称呼。除了身上的被毛以外，它其他地方与波斯猫都极为相像，如肌肉结实，四肢短而有力。此外，随时睁得大大的圆眼睛仿佛是受到惊吓一般，让人稍微有些距离感，加上扁扁的鼻子，全身都释放出无法言喻的可爱。

原产国 美国
诞生年份 20 世纪 50 年代
体重 3.0~5.5kg
体型 短身体型

被毛种类 短毛
被毛颜色 全色
眼睛颜色 全色

看外表就知道性格独立，悠然自得。

【左上图 / 右上图 / 下图】毛色与眼睛的颜色丰富多样。被毛较短，容易打理，时常感到孤独，所以喜欢让人抚摸。记得经常用刷子替它梳理被毛哦！

Egyptian Mau

埃及猫

古埃及语中，“mau”的意思为“猫”，所以埃及猫的英文名称是Egyptian Mau。关于埃及猫的起源，据说是1953年从俄罗斯流亡到意大利的立陶宛大公国时代的贵族——特鲁别茨科家族中的纳塔莉王妃在埃及大使馆遇到了这种猫，她非常喜欢，于是便请大使从埃及带几只给她，并亲自养育。后来她把猫带到了美国，奠定了现今埃及猫的血统基础。

埃及猫最大的特征是没有经过任何人工干预而自然产生的斑点花纹，据说剃掉毛的埃及猫皮肤表面也会有斑点。在古埃及的金字塔壁画里出现了身上带有斑点花纹的猫，与埃及猫非常类似，因此也有说法认为埃及猫起源于古埃及，但至今仍未得到证实。

另外，埃及猫的脚力十分了得，最高时速可达40~50km。这是因为从它的侧腹到膝盖内侧有发达的“皮褶”，使它看起来像猎豹一样。在皮褶的作用下，奔跑时腿向后方拉伸的距离更大，让它的每一步都达到最大的步幅。

原产国 埃及、美国
诞生年份 1953年
体重 2.5~6.5kg
体型 不完全外国体型

被毛种类 短毛
被毛颜色 银色、古铜色、烟黑色
眼睛颜色 浅绿色

性格
与外表相反，其实埃及猫十分温顺。但性格中怕生、敏感的部分，让它不太适合与孩子和其他动物相处。不过，它非常听主人的话，聪明机灵。

漂亮的斑点花纹赋予埃及猫别样的魅力。

【上图】神秘的浅绿色眼睛是埃及猫的魅力之一。【下图 / 左图、中图、右图】体型为中型的不完全外国体型，胸前有断断续续的花纹，如项链一般。

Ocicat

欧西猫

欧西猫与野猫有几分相似，外表野性十足。不过性格却与外表截然相反，沉稳、温柔的个性使得欧西猫颇具魅力。

1964年，美国密歇根州伯克利的育种专家弗吉尼亚·达利为了培育出带有阿比西尼亚斑纹的暹罗猫，让这两种猫进行交配。第一代幼猫全部都具有阿比西尼亚猫的特征，而第二代则同时具有阿比西尼亚斑纹和暹罗猫的特征，同时还出现了带有豹纹的幼猫“汤加”。这只名为“汤加”的猫被认为是欧西猫的起源。而“欧西猫”这一品种名则来自弗吉尼亚的女儿对汤加的称呼。在与美国短毛猫交配之后，于1966年正式注册这一品种。

欧西猫最大的特征是遍布全身的斑点，被毛的触感像缎面一样。另外，欧西猫也被说成是在“猫的身体里装入了狗的灵魂”，以此来形容它的聪明伶俐，以及能迅速地学会各种技能。

原产国 美国
诞生年份 1964 年
体重 3.0~6.5kg
体型 不完全外国体型
被毛种类 短毛
被毛颜色 棕色、银色等斑点
眼睛颜色 由被毛颜色决定（蓝色除外）

性格

人们熟知的欧西猫像狗一样忠实，“会将投出去的东西捡回来”“叫它的时候会答应”，非常聪明。另外，它也有容易寂寞、爱撒娇的脆弱一面。

棕色的欧西猫与银色的幼猫。

遍布全身的斑点是其特征。
尾巴修长，顶端呈黑色。

【上图】欧西猫体格结实，肌肉发达，拥有出色的运动神经，而且动作非常优雅。【下图】年幼的欧西猫。此品种的猫不耐寒，冬天时要认真做好健康管理。

猫咪肢体动作的含义 Part 2

摩擦脸部

猫咪的额头两侧、嘴唇两侧、下颚、尾巴、肉垫、肛门两侧都有名为“臭腺”的器官，会分泌臭味。摩擦脸部会将臭腺分泌的臭味和外激素转移到摩擦对象上，这也是猫咪划分地盘、宣告自己所有权的习性之一。另外，如果是在其他猫或主人身上摩擦，那便是它在向自己亲近的猫或人打招呼、表达喜爱之情，也有可能是在向你要吃的哦。

喜欢狭窄、阴暗的地方

猫都喜欢狭窄、阴暗的地方，比如钻到购物袋和纸箱里。猫的祖先利比亚猫是以在沙漠中捕食昆虫、老鼠、黄鼬等生物为生的。因此只要看见小洞，它便会觉得有猎物隐藏在其中，可以说这是一种捕猎的本能。对猫喜欢躲在阴暗地方的解释是，猫以此来保护自己不受大型外敌的伤害，还可以保护对光敏感的眼睛不被阳光灼伤。

毛发倒立，露出牙齿

遇见比自己强大的对手时，毛发倒立是为了威吓对方，而耳朵向后倒则是为了咬住对方，同时避免自己受伤。另外，露出牙齿据说是猫处于愤怒、告知对方即将进攻时的一种表达方式，这是在用全身表达自己的感情。伴随威吓动作发出的“沙——”声，则是在向对方传递自己的愤怒之情。学会这招，在斥责猫咪时发出类似的声音会有不错的效果。

喉咙里发出呼噜呼噜的声音

抚摸猫咪时，如果它一脸陶醉状，且喉咙里发出呼噜呼噜的声音，这便是心情非常愉悦的表现。幼猫时期的猫咪在喝母乳时，喉咙里都会发出呼噜呼噜的声音，可以说这是一种对幼时经历的依恋。基本上猫咪在表达自己非常满足、十分开心的时候都会发出这种声音。不过，遇到“心情不爽”“要吃猫粮”“惊慌时想要安静下来”等情况时也会发出这种声音。总之，根据不同的情况，表达的意思也有所不同。

Oriental

东方猫

东方猫起源于20世纪50年代的英国。一种说法是为了培育出没有重点色*的暹罗猫，专家们用暹罗猫与土生土长的白毛猫进行多次交配，结果白色基因中隐藏的各种颜色和斑纹信息显现了出来，于是出现了巧克力色、黑色、白色、重点色、虎斑等被毛呈五颜六色的猫。而另一种说法是为了挽救在第二次世界大战中数量骤减的暹罗猫，维持其血统，所以才让它与不同品种的猫进行交配，因此诞生了东方猫。

无论如何，1977年这种猫以“东方短毛猫”的身份在美国得到了正式认定。而东方猫中也有长毛品种，起因是暹罗猫的基因里混入了长毛的基因，基因突变产生了长毛猫，如今被列入“东方长毛猫”一类中。

东方猫的特征是，拥有酷似暹罗猫的细长四肢和倒三角的小脸，东方型的纤瘦体型以及怎么看都不太搭调的大耳朵。这样的外表加上微微有点吊眼角的杏仁形大眼睛，都让它充满神秘的魅力。

原产国 美国、英国
诞生年份 20世纪50年代
体重 2.5~4.5kg
体型 东方体型

被毛种类 短毛、长毛
被毛颜色 全色
眼睛颜色 全色

性格
聪明、温顺，非常通人性。大部分东方猫都爱撒娇，需要长时间的陪伴。此外，也有些神经质和任性。

纤细柔软的身体、大大的耳朵是东方猫的特征。

* 脸部中央、耳朵、四肢、尾巴顶端等身体的末端部分会呈现出较深的颜色。

【左上图】三种毛色的东方猫。【右上图】额头扁平。额头至鼻子一段呈直线最为理想。
【下图】头部呈漂亮的 V 字形，更加凸显气质。

Kurilian Bobtail

千岛短尾猫

千岛短尾猫（别名千岛群岛短尾猫）最早出现于北海道以东、根室海峡–堪察加半岛以南至千岛海峡间的千岛列岛上。名字是由千岛列岛的别名“千岛群岛”，加上“短尾（Bobtail）”组合而成。这种猫的尾巴长度在1.5~8cm，短而弯的尾巴是其最大的特征。

尾巴的毛发浓密，看起来圆圆的，十分独特，因此也被人称作“球尾”，该特征由在岛内发生的基因突变产生。18世纪以前，人们并不知道千岛群岛上有此种动物存在。它们在恶劣的自然环境中生存，通常像狼一样集体狩猎，捕食逆流而上的鲑鱼，性格比较独立。

千岛短尾猫的品种得到确立是进入20世纪以后的事。对短尾十分有兴趣的俄罗斯军人和科学家将它带回国后，真正的育种工作才开始。1995年千岛短尾猫在国际范围内正式成为一个品种。

原产国 千岛群岛
诞生年份 18 世纪以前
体重 3.6~6.8kg
体型 不完全短身体型

被毛种类 短毛、长毛
被毛颜色 全色
眼睛颜色 全色

特征是被称为“球尾”的短而弯的尾巴。后肢比前肢稍微长一些，背部呈拱形。

性格

具有较强的独立性，聪明沉稳，喜欢被抚摸。充满好奇心，性格外向、听话，能与其他动物和孩子友好相处。

外表严肃，看起来充满野性，
其实性格外向，非常沉稳又
喜欢亲近人。

Cornish Rex

柯尼斯卷毛猫

1950年在英国康沃尔郡，经营农场的恩尼斯摩尔家的猫生下5只幼猫，其中一只发生了基因突变，全身长满卷毛。后来，这只名叫“卡力班克”的公猫被兽医介绍给遗传学家A.C.朱迪，并在他的建议下，与母猫进行了交配。

这对猫生下的卷毛公猫与卡力班克一起构成了柯尼斯卷毛猫的品种雏形。后来这种卷毛猫又远渡到美国，与暹罗猫和东方猫等品种继续交配，于1967年形成了现今的品种。

柯尼斯卷毛猫最大的特征是“像水波一样”美丽的卷毛。让人吃惊的是，它从胡须到尾巴，全身的毛发都呈卷曲状。另外，这种猫没有通常所说的“护毛”，即外侧的坚硬被毛。而内侧柔软的短毛又比较密集，因此摸起来像天鹅绒一样丝滑。但是，这也导致它不耐寒、不能承受太强烈的刺激，原则上只能饲养在室内。

原产国 英国
诞生年份 1950年
体重 2.2~4.0kg
体型 东方体型

被毛种类 短毛
被毛颜色 全色
眼睛颜色 全色

性格

拥有极强的好奇心，头脑聪明，能轻而易举地打开门、抽屉，也有调皮的时候，不太认生，能较快地适应新环境，喜欢亲近人。

纤细的体型，大大的耳朵，笔挺的“罗马式鼻子”，微微吊眼角的大眼睛都是它的特征。

全身布满细密如水波一样的被毛。

Korat

科拉特猫

科拉特猫原产于泰国东北部的科拉特地区。关于起源，可以上溯到1351~1767年统治泰国的大城王朝，当时的文献中将这种猫取名为“西·莎瓦特”，寓意“带来幸运的猫”，象征着幸福与繁荣，因而备受珍视。

科拉特猫最大的特征是，拥有如绸缎一般富有光泽的银蓝色被毛以及绿色的眼睛。这两个特征与俄罗斯蓝猫相似，但俄罗斯蓝猫属于拥有双层被毛的瘦长外国体型，而科拉特猫则是拥有单层被毛、肌肉发达的不完全短身体型，两者的区别便在于此。

科拉特猫第一次为世人所知是在19世纪80年代的英国猫展上，当时打出的标语是“纯蓝色暹罗猫”。1959年，一位名叫琴·约翰逊的女士看上了科拉特猫，随后将其从泰国带到美国，并于1966年在美国得到认定，1975年在英国也得到了正式认定。

原产国 泰国
诞生年份 14~18 世纪
体重 2.7~4.5kg
体型 不完全短身体型
被毛种类 短毛
被毛颜色 蓝色
眼睛颜色 绿色

“含情脉脉”的眼神也是它的特征之一。

性格

心思细腻、认生，有自我和顽固的一面，但是也喜欢向主人撒娇，性格温柔。另外，“视觉”“听觉”“嗅觉”出色，识记事物的速度也相当快。

【上图 / 下图】银蓝色的毛发尖端熠熠生辉，拥有如绸缎一般的光泽。这是科拉特猫独有的色泽，出生大约两年后的成猫会显现出这种特点。

Siberian

西伯利亚猫

西伯利亚猫也称“西伯利亚森林猫”。正如它的名字一样，这种猫出生在俄罗斯东部的西伯利亚森林，是自然形成的品种，充满野性。西伯利亚猫的起源尚不明确，但至少存在了一千多年。它被认为是所有长毛猫的祖先，包括波斯猫和土耳其安哥拉猫在内。

20世纪80年代，俄罗斯开始对西伯利亚猫的血统进行管理，90年代远渡到美国之后令其备受瞩目。它是俄罗斯的代表猫种，因前总统戈尔巴乔夫饲养过而闻名。此外，2013年作为对日本秋田县知事赠送秋田犬的回礼，普京总统也将此猫赠送给对方，一时间引起不小的话题。

西伯利亚猫最大的特征是拥有厚实的双层被毛，可以忍受西伯利亚的严酷环境。内侧的绒毛具有防寒效果，外侧的护毛具有防水效果，从耳朵到尾巴都被厚实的毛覆盖，一眼看上去就像野猫一样威严，但性格非常的沉稳、温柔。

原产国 俄罗斯
诞生年份 11 世纪
体重 4.5~9.0kg
体型 长型 & 大型体型

被毛种类 长毛
被毛颜色 全色
眼睛颜色 全色

西伯利亚猫拥有厚实的被毛。早晚替它梳两次毛，有利于保持毛色的光亮度。

性格

沉稳温柔，忍耐力强。好奇心重，聪明伶俐，可以掌握一些狗狗会的技能，比如“坐下”“把球捡回来”。

样子如野猫一样威武，实际性
格却非常沉稳、温柔。

Savannah

热带草原猫

热带草原猫（萨凡纳猫）的体型比野生的薮猫小一圈，大耳朵、面容精悍，被毛上有漂亮的斑点，身体修长。1986年，孟加拉国的育种专家朱迪·弗兰克让自己饲养的雌性暹罗猫与雄性薮猫交配，这便是热带草原猫的起源。当时，帕特里克·凯莱和乔伊斯·斯莱夫两位育种专家对新生的幼猫充满浓厚的兴趣，于是进一步研究，于1996年诞生了现在的热带草原猫原型。2012年该种猫在美国正式得到公认。

热带草原猫的血统纯度可以用F1~F6来表示，数字越小表示其继承原种特征的血统纯度越高。每只热带草原猫在体格和花纹方面都存在着巨大的差异。体格最大的F1型热带草原猫非常稀少，日本仅存几只。另外，热带草原猫在美国的部分地方被认定为野生动物，因此有的地方可能会禁止饲养。在日本，饲养F1~F3型热带草原猫的群体需要有许可证。

原产国 美国
诞生年份 1986 年
体重 5.8~13.0kg
体型 不完全外国体型

被毛种类 短毛
被毛颜色 棕色点状虎斑、银色点状虎斑、黑色、烟黑色
眼睛颜色 绿色、黄色、金色等

性格

与外表相反，性格非常亲人，外向且容易饲养。不少热带草原猫都喜欢戏水，智商高，因此比较调皮。

看起来像野生猫，但可以像遛狗一样用牵引绳牵着它出去散步。

【左上图】遗传自薮猫的漂亮斑点花纹。【右上图】被誉为“猎豹眼泪”的条状花纹。从眼角延伸至胡须周围是最理想的状态。【下图】大耳朵、纤长的体型和四肢也是其特征。

Japanese Bobtail

日本短尾猫

作为日本的代表猫种，日本短尾猫的尾巴长度在5~7cm，特征是具有又短又圆的尾巴。

关于起源，最普遍的说法是：大约在1000年前，为了保护佛教的典籍不被老鼠啃食，日本从中国进口了一些猫，其中混杂着短尾的品种，而这种基因不断扩大后便自然诞生出日本短尾猫。江户时期的浮世绘中也出现过这种圆尾巴的猫，此外，“招财猫”的摆件也是以短尾的三色猫为原型，可见短尾猫在日本的历史非常悠久。

日本短尾猫引起大家的关注是在20世纪60年代。当时，一位驻留日本的美国女士朱迪·克劳福德深深为它着迷，于是把一对日本短尾猫送给了她在美国的朋友。回国后，朱迪致力于短尾猫的繁殖，而它们的体型也越来越漂亮。1976年，日本短尾猫正式得到公认；1992年，其长毛品种也得到了公认。后来它还被出口到日本，人们得以重新认识到它的魅力。如今，三色猫的人气一直居高不下。

原产国 日本
诞生年份 11 世纪
体重 3.0~5.5kg
体型 外国体型

被毛种类 短毛、长毛
被毛颜色 全色
眼睛颜色 由被毛的颜色决定

双色被毛的日本短尾猫，因为性格好而大受欢迎。

性格
非常温顺、沉稳，成猫会主动照顾自己的孩子，感情丰富。对环境的适应性强，聪明听话，对陌生人十分警惕。

短而圆的尾巴实际有 7~10cm 长，但是因为向内侧卷起来，所以看上去更短。

Siamese

暹罗猫

暹罗猫也称“泰国猫”，暹罗是旧时泰国的国名，暹罗猫原产自泰国，且拥有悠久的历史。以前只有王公贵族等高贵的家族才有资格饲养暹罗猫，可见它的神圣。

1884年，英国驻曼谷领事古尔德购入一对暹罗猫，并将它们带回了英国，这被认为是现代暹罗猫的起源。第二年，即1885年，这两只猫在伦敦水晶宫举办的猫展上引起广泛关注，获奖无数。后来美国又引进了这种猫，让它在世界范围内聚集了不少人气。

暹罗猫的最大特征是脸、耳朵、四肢、尾巴上的重点色。据说，这是因为身体末端部分的体温较低，毛色便会变得更深，而且猫的年纪越大，身上的颜色就越深。另外，身为暹罗猫的必备条件是拥有一双宝蓝色的迷人眼睛，以及认定对方后表现出来的忠心。它的气质和气场均能从它的性格中得到体现，被誉为“纯血统的代表者”。

原产国 泰国
诞生年份 14 世纪
体重 2.5~4.0kg
体型 东方体型

被毛种类 短毛
被毛颜色 海豹色重点色、蓝色重点色、巧克力色重点色、浅紫色重点色
眼睛颜色 宝蓝色

性格
具有任性和神经质的一面，但聪明又充满好奇心，喜欢对主人撒娇，比起自己玩耍更乐于和玩具一起玩。

身体末端部分浓烈的“重点色”是最大的特征。

【上图】暹罗猫有一双宝石般的迷人眼睛。公认的眼睛颜色只有鲜艳的宝蓝色。【左下图】拥有蓝色重点色的暹罗猫。【右下图】暹罗猫的幼猫。

Chartreux

沙特尔猫

沙特尔猫被誉为“法国之宝”“活的法国纪念碑”，是法国的代表猫种。以一身漂亮的蓝色（银灰色）被毛广为人知，与俄罗斯蓝猫、科拉特猫并称为“世界三大蓝猫”。不过，因为沙特尔猫的独特魅力，许多人以获取皮毛为目的残忍地将其杀害。喜爱沙特尔猫的名人有法国前总统夏尔·戴高乐和法国女性作家图莱特。

关于它的起源众说纷纭，“是沙特勒兹派修道士从北非乘船带回的猫的后代”“是来自叙利亚的猫的后代”“是十字军时代带入欧洲的猫的后代”等，详情不得而知。但是，沙特尔猫在法国生活的历史相当悠久，1558年的文献中记述的“拥有灰色被毛和铜色眼睛”的猫可能就是沙特尔猫的祖先。近代，受两次世界大战的影响，沙特尔猫的数量急剧减少，濒临灭绝，与波斯猫和英国短毛猫交配后才得以度过危机。

原产国 法国
诞生年份 19 世纪
体重 4.0~6.5kg
体型 不完全短身体型

被毛种类 短毛
被毛颜色 蓝色
眼睛颜色 金色、橘色、铜色

性格

聪明且具有敏锐的观察力，多数猫具有的超强忍耐力，性格温厚。叫声非常小或者基本不叫，听话爱玩，非常适合初次养猫的人。

体格结实，富有光泽的蓝灰色漂亮被毛是它的特征。

沙特尔猫随时一副笑盈盈的表情，
让它得到了“微笑猫”的美誉。

Singapura

新加坡猫

新加坡猫是世界上最小的家猫。雌性成猫的体重大约是2kg，比一般的猫要小一圈以上。因为它的外表，人们都叫它“小妖精”。

这种猫起源于1974年，当时到新加坡赴任的美国人梅多斯夫妇在街角发现了几只深棕色的小猫。

新加坡猫原本是流浪猫，雨天会寄居在下水道的管子里，所以当地人也叫它“下水道猫”，并没有给予特别关注。但是，一对美国夫妇对这种外形与阿比西尼亚猫有几分相似的小猫非常感兴趣，于是将它们带回了美国，并用新加坡的马来语将它们命名为“新加坡猫”，此后便开始了繁育工作。

再后来，新加坡猫被介绍到猫展上，引起人们的广泛关注，并于1998年得到公认。现在，作为新加坡的代表猫种，新加坡猫被定为旅游观光的吉祥物。除此以外，新加坡国民还用马来语中表示“可爱猫咪”的单词“Kucinta”来亲切地称呼它。

原产国 新加坡
诞生年份 1974 年
体重 2.0~3.5kg
体型 不完全短身体型

被毛种类 短毛
被毛颜色 深棕色刺鼠虎斑、黑色刺鼠虎斑
眼睛颜色 绿色、褐色、黄色等

性格
外向爱撒娇，人称“不出声的猫咪”，温顺又安静。另一面则是具有强烈的好奇心，运动神经出色，非常喜欢与主人和玩具玩耍。

杏仁状的大眼睛带有黑色的眼线，随着成长颜色也会有变化。

短毛如丝绸一般柔软，紧贴着身体生长，也被称为“细纹虎斑”，每根毛上都有两种带状斑纹，由根部至顶端多层次排列形成颜色的深浅。

Scottish Fold

苏格兰折耳猫

苏格兰折耳猫的名字寓意“苏格兰岛的折耳”，原产自英国苏格兰岛，一对向前折的耳朵是它的显著特征。以“猫头鹰一般”的样貌和爱撒娇的个性赢得不少关注，是近年来尤其受欢迎的品种。

1961年，一只母猫出生在苏格兰岛中部的农场，不可思议的是它的耳朵竟然是弯折的。这只名叫“苏西”的猫长大后产下了几只幼猫，其中有和它一样出现折耳的幼猫。住在附近的罗斯夫妇十分爱猫，他们为自己收养的那只折耳幼猫取名“斯诺克斯”，并打算以它为基础繁殖新品种。先是与英国短毛猫交配，之后转移至美国遗传学家的手里，与美国短毛猫等品种进行多次交配，最终形成现在苏格兰折耳猫的原型。然而，因为折耳猫偶尔会生出畸形的幼猫，在英国等地曾经有一段时期禁止繁育此品种。几番研究之后，终于在1978年得到公认*。

原产国 英国
诞生年份 1961 年
体重 2.5~6.0kg
体型 不完全短身体型

被毛种类 短毛、长毛
被毛颜色 全色
眼睛颜色 由被毛的颜色决定

性格
温和慵懒，爱撒娇。非常喜欢待在人身边以及和人玩耍。独自在家或长时间独处会积郁。

灰色的苏格兰折耳猫。

* 未得到 FIFe 和 GCCF（详见第 5 页）的公认。

苏格兰折耳猫的耳朵有不同的折叠方式，可分为松弛的单折（Single Fold）、紧密的双折（Double Fold）和三重折（Triple Fold）。

外表给人的印象就是爱撒娇、温顺，这也是苏格兰折耳猫性格中极具魅力的一点。

【上图、下图】苏格兰折耳猫的幼猫。不少猫咪长大之后耳朵就会立起来，或者一开始就是直耳。

Snowshoe

雪鞋猫

雪鞋猫的历史始于20世纪60年代美国宾夕法尼亚州的费城。育种专家多萝西·多尔蒂发现1只暹罗猫产下的幼猫中，有3只的四肢末端呈全白色。多萝西对这种配色十分好奇，于是便让带有这种特征的猫与双色被毛的美国短毛猫交配，才产生了现在雪鞋猫的原型。

多萝西带着这种猫参加了当地的猫展。在当时，白色的斑点被认为是暹罗猫的缺陷，因此迟迟没有得到认定，最后品种确立一事也被搁浅。但是，继续从事交配研究的维基·奥兰仍未放弃，一直致力于品种的确立。20世纪80年代，雪鞋猫终于得到认定。

雪鞋猫最大的特征是四肢的斑纹像穿着白色短袜一样。名字中的“雪鞋”也是由于它的四肢看起来像在洁白的雪地里玩耍时留下的白色痕迹。但是，在隐性遗传中很难发现决定这种短袜斑纹的基因，所以雪鞋猫的知名度未能扩大，如今已成为非常稀有的品种之一了。

原产国 美国
诞生年份 20世纪60年代
体重 2.5~6.5kg
体型 不完全外国体型

被毛种类 短毛
被毛颜色 海豹色、巧克力色、蓝色的重点色搭配白手套*，或是与白色组合的双色
眼睛颜色 蓝色

性格

活泼、擅于社交，感情丰富，容易感到寂寞且爱撒娇。经常能听到它的叫声，学习能力非常强，也比较贪玩，有调皮的一面。

四肢的末端看起来像穿着雪白色的短袜一样。

*脸部、耳朵、四肢、尾巴上有重点色，同时爪子尖和鼻子上的被毛呈白色。

兼具美国短毛猫结实的体型和
暹罗猫的灵活轻盈。

Sphynx

斯芬克斯猫

大耳朵、大眼睛，皱巴巴的无毛皮肤等，这些个性的外表都属于斯芬克斯猫。无毛猫是由隐性遗传基因发生突变产生的，虽然人们在很早之前就知道了它的存在，但作为品种被确立还是20世纪70年代的事情。

1966年，一只名为“普兰”的无毛幼猫在加拿大安大略省出生，这便是斯芬克斯猫的起源。此后，科学家们以普兰为基础，开始繁殖无毛猫。因为与古埃及时代描绘的猫有些共同点，才被称为“斯芬克斯猫”。不过，普兰的子孙经过几代繁殖后血统早已不复存在。现在的斯芬克斯猫是以1975~1978年间在美国和加拿大发现的数只无毛猫为基础，与德文卷毛猫交配之后产生的。

斯芬克斯猫一眼看上去像是完全没有被毛，但其实它的身体表面覆盖着柔软的胎毛。它的肌肤非常细滑，如起绒皮革一般。不过因为无毛，斯芬克斯猫对冷热以及紫外线的抵抗力都比较弱，所以需要小心照顾。

原产国 加拿大
诞生年份 1978年
体重 2.5~4.0kg
体型 不完全外国体型

被毛种类 无毛
被毛颜色 全色
眼睛颜色 由被毛的颜色决定

虽属于无毛品种，但实际上也有胎毛，身体边缘部分还留有一些短毛。

性格

好奇心旺盛，贪玩。不认生，能与小孩子和其他动物友好地相处。不过由于肌肤容易过敏，必须在室内饲养。

耳内和趾间没有毛发，容易残留污物，最好每周清洗 1 次。

【上图】斯芬克斯猫的家族。身体的颜色丰富。【下图】斯芬克斯猫的幼猫。幼猫时期多少还有一些毛，长大之后会越来越少。

猫咪肢体动作的含义 Part 3

轻咬

抚摸猫咪时，它会突然轻轻咬住你。对于轻咬的解释有许多种，有的说这是幼猫时期猫咪与父母、兄弟间关系亲密的行为表现，长大后也保留了下来；有的说这是猫咪按捺不住狩猎的本能，当人们抚摸它时，它把手视为猎物，于是不假思索地一口咬上去；还有的说法是由于猫咪的心情突然变化，不喜欢被抚摸。此外，还有解释说，公猫在交配时会轻咬母猫的颈部，轻咬即"咬颈（Neck Grip）"习性的应用表现。

后仰躺着打滚

猫咪的要害是没有骨骼覆盖的腹部。当它露出腹部且没有立刻做下一个动作，一直保持着后仰的姿势是很危险的，尤其在野外，这会让它遭到天敌的袭击。换言之，当猫咪处于这种状态时，说明他相当信赖主人和居住的环境，完全不担心危险的发生。不过，在气温或室温非常高的时候，它也会摆出同样的姿势。

前肢折叠蹲坐

猫咪折叠前肢蹲坐的状态被称为"香盒坐"，此姿势与收纳香木、香料的带盖"香盒"相似，因此而得名。这是猫咪特有的姿势，大型的猫科动物，如狮子、老虎都无法做到。当猫咪折叠前肢蹲坐时，不能立刻进行下一个动作，由此可知它应该是处于放松的状态。另外，这种时候，它的眼睛多半会半睁半闭，耳朵悠闲地向外立着。

吮吸毛巾和玩偶

猫咪吮吸自己或其他猫的身体、人类的皮肤、狗狗、玩具、毛巾的行为，很大程度上是因为它想起了年幼时吮吸妈妈乳头的幸福感觉。猫咪还会吮吸羊毛制品，我们将这种特殊的行为称作"吸羊毛（Wool Sucking）"，它只会出现在暹罗猫和伯曼猫等亚洲品种中。据权威说法，这是由于受到了附着在羊毛表面的"绵羊油"成分的吸引。

Selkirk Rex

塞尔凯克卷毛猫

英文名中带有“Rex”都表示猫具有卷毛的特征，现在主要有3个卷毛品种，即柯尼斯卷毛猫、德文卷毛猫和最新发现的品种——塞尔凯克卷毛猫。

塞尔凯克卷毛猫起源于1987年，当时人们在美国蒙大拿州的动物保护机构发现了一只杂交的幼猫。它与其他的兄弟姐妹截然不同，竟然拥有卷曲的被毛和胡须。致力于此类研究的育种专家耶里·纽曼把它带了回去。耶里试图吸引它的注意，可结果却总是让她很烦恼。因此她用“让人烦恼（pester）”一词替这只猫取名为“迪帕斯特（Miss DePesto）”。如今的塞尔凯克卷毛猫是在这只猫的基础上，与波斯猫、喜马拉雅猫、异国短毛猫、英国短毛猫等多个品种交配后产生的。品种名源于动物保护机构附近的塞尔凯克山脉。

塞尔凯克卷毛猫最大的特征是绒绒的卷毛，尤其是脑袋周围和尾巴上的卷毛非常显著。从外表上看，也可以把它称作“贵宾猫”。

原产国 美国
诞生年份 1987年
体重 3.0~7.0kg
体型 不完全短身体型

被毛种类 短毛、长毛
被毛颜色 全色
眼睛颜色 由毛色决定

性格

非常黏人，爱撒娇。外表看起来像毛绒玩具一样，非常可爱。不过塞尔凯克卷毛猫容易感到寂寞，若长时间不逗它，会使它陷入阴郁。

不动的时候完全就像是玩具。

出生时就是卷毛，大约出生半年后会换毛，之后才慢慢长出有代表性的卷毛。

Somali

索马里猫

索马里猫被誉为“长毛的阿比西尼亚猫”，据说它的祖先便是极少出现的阿比西尼亚长毛猫。索马里是阿比西尼亚（现埃塞俄比亚）的邻国，所以索马里猫的名字跟阿比西尼亚猫一样都来自国家名。

20世纪30年代，阿比西尼亚猫的长毛品种正式在英国注册，但后来又因为其属于基因突变的品种而被除名。据说当时有很多人都不喜欢长毛的阿比西尼亚猫。进入20世纪60年代，长毛的阿比西尼亚猫偶然被带到了某次猫展的审查现场，一位名叫肯恩·麦吉尔的审查员注意到了这种猫。此后便开始繁殖这一品种，1978年索马里猫以独立品种的身份正式注册。

索马里猫的特征是拥有长而密实的被毛，以及像狐狸一样毛茸茸的大尾巴。除此以外，它们大多都继承了阿比西尼亚猫的特征，清透可爱的叫声如“银铃”一样，这也是它的特征之一。现在，索马里猫已经是享有超高人气的新品种了。

原产国 英国
诞生年份 1967 年
体重 3.0~5.0kg
体型 外国体型

被毛种类 长毛
被毛颜色 暗红色、红色、蓝色、浅黄褐色等
眼睛颜色 铜色、金色、褐色、绿色

性格
非常聪明，灵敏又活泼，像狗一样与人亲近。索马里猫的叫声较小，适合在公寓内饲养，但也有心情不定，神经质的一面。

被毛在长毛品种中属于中等长度，脑袋周围与尾巴上的被毛特别茂密。

与阿比西尼亚猫一样，索马里猫的每根毛上也都有浓淡相宜的条状花纹，即“细纹虎斑”，在光线的作用下散发出亮眼的光泽。

Turkish Angora

土耳其安哥拉猫

丝绸般的长被毛、柔软的身体、颜色丰富且多样的杏仁形大眼睛，让土耳其安哥拉猫充满魅力。正如它的名字一样，土生土长在土耳其首都安卡拉（旧称安哥拉）附近的猫被认为是它的起源。不过也有另外一种说法认为，土耳其安哥拉猫的祖先是中亚地区被游牧民族饲养的野生兔狲。

土耳其安哥拉猫在17世纪由欧洲传入世界各国，成为路易十五世和路易十六世、玛丽·安托瓦内特的爱猫，在王公贵族间拥有超高的人气。但到了20世纪的后半叶，其风头却被波斯猫夺去，后来又作为交配对象，用于改良波斯猫的品种，于是纯种的土耳其安哥拉猫渐渐濒临灭绝。对这种状况深感忧虑的土耳其政府将它列为国宝，送到动物园保护，严格控制其流入国外。现在，即便花高价也很难买到这种猫，也都是因为这些历史原因。20世纪60年代被运到美国之后，该品种的繁殖与育种才取得进展，并于1973年得到公认。

原产国 土耳其
诞生年份 15 世纪
体重 2.5~4.5kg
体型 外国体型

被毛种类 长毛
被毛颜色 黑色、浮雕烟色*、银色斑纹、三花色、红色 & 白色等
眼睛颜色 由被毛的颜色决定

性格
聪明又温柔，非常听主人的话。但另一方面，它们讨厌被束缚，喜欢按自己的方式自由生活，因此不适合同时饲养多只。

被誉为“土耳其的在世国宝”，美得恰如其分。

* 每根毛的根部都呈白色，至顶端逐渐变成蓝色。

神秘的金色和蓝色，拥有虹膜异色（左右两眼的颜色不一）的土耳其安哥拉猫。

Turkish Van

土耳其梵猫

土耳其梵猫是在安纳托利亚以东的山岳地带自然产生的物种。历史可以追溯到公元前，到中世纪得以完全确认其存在。

近代，土耳其梵猫引起人们的关注还是在1955年。当几位英国游客来到土耳其东部的凡湖时，发现有几只猫在湖里游泳。与一般的猫不同，它们竟然完全不怕水，这引起了游客的兴趣，于是他们将两只猫带回英国繁殖。1982年传入美国后才开始正式的繁殖，1995年得到公认。

土耳其梵猫的最大特征常见于中东、近东的猫身上，即除头部和尾巴以外均为白色，这种花纹被称为“梵纹”。另外，它非常适应土耳其夏季和冬季温差巨大的环境，被毛的长度会随着季节而变化，冬天是厚实的长毛，夏天是短毛，这也是土耳其梵猫的特征之一。性格方面，它因喜欢水而为人们所知，别名“游泳猫”，这可能与土耳其炎热的夏季有关，为了解暑而学会了游泳。

原产国 土耳其
诞生年份 1955 年
体重 4.0~7.5kg
体型 长型 & 大型体型

被毛种类 半长毛、长毛
被毛颜色 黑色、奶油色、红色虎斑、棕色虎斑、玳瑁色、蓝色奶油色虎斑等
眼睛颜色 琥珀色、蓝色、虹膜异色

性格
非常聪明活泼，不太喜欢受束缚。听主人的话，会跟随有领导能力的其他动物。不喜欢狭小的空间，喜欢水。

拥有名为“梵纹”的双色被毛，展现对比之美。

【上图】杏仁形的大眼睛和内侧长满饰毛的三角形耳朵是土耳其梵猫的特征之一。【下图】与土耳其安哥拉猫一样，同为土耳其的至宝，需要获得许可才能带出国。

Devon Rex

德文卷毛猫

让人印象深刻的圆眼、小脑袋，不太相称的大耳朵，以及沿体表生长的卷毛，这些特征让德文卷毛猫拥有“妖精猫”“外星猫”“卷毛猫”等各种称号。它的历史源于1960年，居住在英国西南部德文郡的贝里·科克斯女士，在她家附近的废弃矿井旁发现了一只卷毛的公猫。

她将这只猫带回家，与当地的母猫交配。然而仅生下了1只卷毛幼猫，贝里替它取名为“卡莉”。之后，科克斯夫妇在相邻的康沃尔郡发现一只柯尼斯卷毛猫，他们试图让它与卡莉交配。原本都是拥有卷毛隐性基因的猫，交配后理应生出卷毛的幼猫，可惜它们生下的幼猫全都是直毛。

由此可见，两只猫的卷毛都是基因突变产生的，与卷毛品种的猫完全不同。此后，经过近亲交配、与其他品种多次交配后，德文卷毛猫的数量慢慢增加，并于20世纪60年代得到公认。

原产国 英国
诞生年份 1960 年
体重 2.2~4.5kg
体型 不完全外国体型

被毛种类 短毛
被毛颜色 全色
眼睛颜色 由被毛颜色决定

沿纤细身体生长的柔软卷毛是它最大的特征。

性格
好奇心旺盛，活泼爱冒险。喜欢恶作剧、调皮，叫声非常小，在密集型的住宅里饲养也很方便。

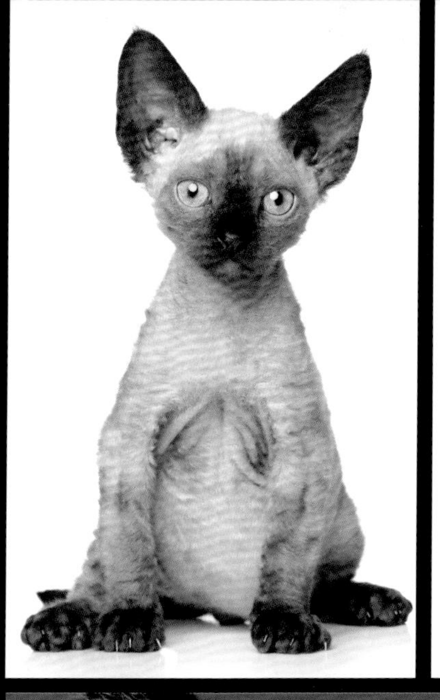

【左上图 / 右上图】德文卷毛猫的幼猫。贪玩，充满好奇心，非常调皮。【下图】深邃的大眼睛，与小脑袋不太相称的大耳朵，让它们散发着别样的魅力。

被毛的触感如天鹅绒一般，毛的卷曲程度存在着个体差异。

猫咪肢体动作的含义 Part 4

用前肢按摩

有时候猫会像按摩一样，用前肢在人的身上或其他猫的身上、毛巾上有节奏地抓揉。这是幼猫增加母体乳汁分泌的一种本能行为，英语中称为“踩奶（Milk tread）”或“揉捏（Kneading）”。尤其是离乳期尚未结束就与妈妈分离的猫咪多半都会这样，狗也有类似的行为。

不同的叫声

【喵、喵】……表示肚子饿、想让主人把门打开、呼唤猫宝宝、向主人撒娇、希望自己获得注意、对主人有要求。【喵！】……表示警告和不满、轻松地打招呼。【唔、沙——】……表示紧张和威吓，也有说法称这是在模仿蛇。【哦唔、喵唔】……发情时诱惑对方。

把猎物带回家

外出归来的家猫会把自己逮到的蝗虫、蟑螂、麻雀、老鼠、青蛙等，像礼物一样带到主人面前。以前，这种行为被认为是猫咪用猎物向主人炫耀，然而动过节育手术的大多数母猫也会如此。于是近年来，也有说法认为这是母猫将主人视为没有狩猎能力的幼猫，因此母性大发，才把自己逮到的猎物带回家。

像人一样坐着

猫咪偶尔也会像人一样坐着，尤其是苏格兰折耳猫经常会这样，所以称之为“苏格兰坐”。此外，这种坐姿看起来像打坐的佛祖一样，英语里也称之为“佛祖坐（Buddha Position）”。至于这样坐的理由，比较有说服力的说法是便于猫将腹部和胯间的毛舔顺。一般情况下，猫不会长时间保持这个姿势，体型较胖的猫咪若这样坐着，表示它非常放松。

Toyger

玩具虎猫

拥有老虎一样的斑纹和华丽的被毛，这让玩具虎猫充满魅力。它的名字由“toy（玩具）”和“tiger（老虎）”两个简单的单词组成，是为了满足“在室内饲养老虎”的想法而培育出的新品种。

玩具虎猫始于20世纪80年代后半期，美国加利福尼亚州一位名叫朱迪·沙吉的波斯猫育种专家偶然发现两只带有“环形斑纹（circular marking）”的幼猫，这种斑纹看起来就像老虎身上的环状条纹一样。之后，在其他育种专家的协助下，繁殖工作正式展开。他们从世界各国挑选出大约40只猫与其交配，使其后代的外观渐渐趋近于老虎。

玩具虎猫于2006年得到公认，但此品种的斑纹和毛色尚未稳定，有不少猫的斑纹与波斯猫或者传统的虎斑类似；有的猫受到繁殖时配种猫的影响，被毛的底色呈蓝色或银色。据说，为了让它的外貌更接近老虎，专家们还要再花大概10年的时间研究。

原产国 美国
诞生年份 20世纪80年代后半期
体重 5.0~10.0kg
体型 不完全外国体型
被毛种类 短毛
被毛颜色 棕色鲭鱼虎斑
眼睛颜色 除蓝色以外的所有颜色

性格
具有与外表相反的稳重性格。好奇心旺盛，学习模仿能力强，非常聪明、听话。此外，还比较容易与人亲近，可以与小孩和其他动物友好相处。

与老虎极为相似的条纹是它最大的特征。条纹部分呈黑色或趋近于黑色最佳。

【上图】与真实的老虎一样，眼睛周围和头部长有白毛，这也是玩具虎猫的外形特征。【下图】为了更加接近老虎，要让它的腹部和前肢内侧呈白色、耳朵更小、下颚更宽，育种实验仍在继续。

Tonkinese

东奇尼猫

东奇尼猫的被毛像水貂一样柔软，四肢、脸部、耳朵、尾巴有巧克力色的重点色。关于它的起源众说纷纭，一种说法是在20世纪30年代，美国医生约瑟夫・汤普森将一只名叫“旺姆”的母猫从缅甸带回美国，此猫便是东奇尼猫的祖先。

旺姆漂亮的茶色被毛上有深色系的重点色，虽然以它为基础的繁殖研究早已展开，但人们对近亲交配的担忧使得东奇尼猫一直未得到公认。于是，喜爱东奇尼猫的育种专家们让其与具有海豹色[*1]重点色的暹罗猫和黑褐色[*2]的缅甸猫交配，合并各自的优点，最终培育出带有巧克力色重点色的猫。这便是现代东奇尼猫的原型，于1974年得到公认。

东奇尼猫的名字来自1947年上演的百老汇音乐剧《南太平洋》，剧中将生于北圻（越南河内的旧称）的女性称呼为“东奇尼（Tonkinese）”。

原产国 加拿大
诞生年份 20 世纪 50 年代
体重 2.7~5.5kg
体型 不完全外国体型

被毛种类 短毛
被毛颜色 除白色以外的所有颜色
眼睛颜色 宝蓝色、蓝色、水绿色、绿色、褐色、黄色、金色

性格
兼具暹罗猫的天真烂漫、活泼，以及缅甸猫对环境的出色适应能力，与人亲近，善于社交。不过有时也会让人感到它难以安静下来。

柔软而具有高级感的被毛非常漂亮。

*1 身体呈奶油色偏浅黄色、重点色为深黑褐色，是暹罗猫的基本毛色。*2 毛色是深茶褐色。

刚生下来时被毛是白色的，经过数年后才会变成东奇尼猫特有的色调。

Nebelung

尼比隆猫

作为俄罗斯蓝猫的长毛品种，尼比隆猫于1984年诞生，是全新的猫种。科拉·科布是生活在美国科罗拉多州丹佛的女孩，她饲养的母猫“埃尔莎”与不同的公猫交配后，生下了2只拥有蓝色长毛的幼猫，尼比隆猫的故事便由此展开。

这两只名叫“齐格弗里德（公）”和“布伦希尔特（母）”的猫，于1986年生下完全继承它们特征的幼猫。科拉决定将幼猫作为新品种登记，她的想法得到遗传学家佐尔法伊格的支持。1987年，该猫作为俄罗斯蓝猫的长毛种得到公认。尼比隆猫的名字“Nebelung”源于德语中表示“雾”的单词“Nebel”，与中世纪德国的英雄叙事诗《尼伯龙根之歌》（Nibelungenlied）相结合而成。

尼比隆猫最大的特征是一身富有蓝色光泽的被毛，触感如细腻的丝绸，尾巴上的毛更长。如此美丽的被毛要到在2岁以后才会完全形成。

原产国 美国
诞生年份 1984 年
体重 3.5~6.5kg
体型 外国体型

被毛种类 中等长毛
被毛颜色 蓝色
眼睛颜色 绿色

性格

沉稳安静，很少叫唤。聪明听话，不太喜欢吵闹的环境，不太善长与小孩子相处，除此之外，还比较认生。

尼比隆猫的特征是拥有一双绿色的眼睛，刚出生的尼比隆猫眼睛还是黄色的，后来才慢慢地变成绿色。

雄性尼比隆猫。雄猫的头部周围有浓密的饰毛，耳朵后面和趾间有绒毛。

Norwegian Forest Cat

挪威森林猫

挪威森林猫的意思是“森林里的猫”。传说它是为北欧神话中弗蕾亚女神拉雪橇的猫，历史非常悠久。关于起源尚无定论，但由于它拥有欧洲猫少见的土耳其猫的毛色特征，所以也有说法认为，挪威森林猫是11世纪由维京人从土耳其带到挪威后衍生出的物种。

20世纪30年代，挪威森林猫成为挪威的代表猫种，保护、培育工作也由此展开。可是因为第二次世界大战的影响，许多工作被迫中断，导致挪威森林猫的数量锐减，一时间陷入濒临灭绝的危机。后来，经过育种专家们的努力，数量有所回升，1977年它的血统正式得到承认。

挪威森林猫的最大特征是，让它在寒冷的挪威得以存活、兼具优雅与功能性的厚实被毛。幼猫大约需要3~4年的时间，才能长出成猫的被毛。另外，庞大的身躯也是它的魅力之一。

原产国 挪威
诞生年份 11世纪（尚未确定）
体重 3.5~7.5kg
体型 长型 & 大型体型
被毛种类 长毛
被毛颜色 全色
眼睛颜色 由被毛的颜色决定

因为正式的名称过长，美国等地的人都亲切地称它为“乌埃齐（Wegie）”。

性格

沉稳、忍耐力强、聪明。不太爱叫，适合与小孩和其他猫相处，非常容易饲养。另一方面，运动量非常大，好奇心十分旺盛。

【左上图】挪威森林猫的幼猫。【右上图】由于长相与缅因猫相似，很长一段时间内都没有得到公认，最终于 1993 年得到血统注册协会 CFA 的公认。【下图】深邃的大眼睛让人印象深刻。

头部周围长有类似狮
子鬃毛的帅气饰毛。

养猫所需的物品 Part 1

猫粮

猫粮分为“综合营养粮”和“普通粮”，前者单独食用即可摄入多种营养，而后者则是作为辅助食品用于补给。购买时要仔细确认需要的是哪一种。另外，还有干粮和湿粮之分，根据猫咪的身体状况和心情分开喂比较好。

▲ 干粮

▲ 湿粮

▲ 装水和猫粮的不锈钢碗组合

装猫粮的容器和装水的碗

装猫粮和水的2种容器是必需品，材质和形状多种多样。如果猫咪不喜欢胡须被碰到，就适合使用敞口、浅一些的“易食型”容器。相反，对于经常会一口气吃到吐的喵咪，则要选择“阻食型”容器。

厕所和猫砂

厕所分为多种类型，比如带盖的、可以自动清扫的等等。厕所要置于可以让猫咪安心排泄的安静场所，并保持清洁。另外，猫的本能是在有砂的地方排泄，所以厕所里要放一些猫砂。猫砂也有多种，比如纸制、木制、矿物质制等，材质和功能各异，可根据猫咪的喜好选择。

▲ 开放式

▲ 带盖式

▲ 皮革制的提包

▲ 塑料箱

移动箱和提包

这是接猫咪回家、带猫咪去医院时必不可少的装备。猫咪喜欢狭小阴暗的场所，可以将铺好布的移动箱放在房间里，猫咪有可能会把它当作自己的藏身之地或者睡觉的床。另外，近年来还出现了塑料材质、滚动式、双肩包式等多种多样的移动箱，可根据用途选择。

猫抓板

猫抓板有瓦楞纸制、木制、麻绳制等多种材质、形状和类型。把它放在猫咪磨爪的地方，能在一定程度上避免猫咪在家具、墙壁和地板上磨爪。通常来讲，瓦楞纸制的猫抓板既便宜又轻巧，但容易产生碎屑、容易坏；而麻绳制的猫抓板非常结实，不过价格也相对较高。

▲麻绳制猫抓板

▲瓦楞纸制猫抓板

Birman

伯曼猫

宝蓝色的眼睛，如穿着白袜子一般的四肢，这些便是伯曼猫的特征。关于它的起源还不是太清楚，不过从它的名字“Burma（现为Myanmar）”可以看出原产地应该是缅甸。此外，关于伯曼猫还流传着下面这样的传说。

缅甸山区有一座寺庙，里面住着一只由高僧悉心喂养的白猫。寺里供奉着金色的菩萨像，不料某夜却招来盗贼。守护菩萨像的高僧因心脏病突发去世，而后白猫爬到高僧身上，霎时间白猫通体变成金色，只有四肢末端未变色，而眼睛也变成了宝蓝色。这只猫被认为是现代伯曼猫的祖先。

自此之后，伯曼猫在当地就被誉为“缅甸的圣猫”。传说的真伪暂且不论，总之，现代伯曼猫的源头应该是20世纪初由缅甸传入法国的一只母猫。后来由于第二次世界大战，伯曼猫的数量减至2只，与暹罗猫、波斯猫等品种多次交配后，数量才得以恢复，并于1967年获得公认。

原产国 缅甸
诞生年份 1925~1926年
体重 2.5~6.5kg
体型 长型＆大型体型

被毛种类 长毛
被毛颜色 全色
眼睛颜色 宝蓝色

性格
沉稳安静、温柔。爱撒娇，特别是在它认定主人之后，便会寸步不离地黏在其左右，感情非常丰富。不过比较害怕主人以外的人。

被毛如丝绸般柔顺，爪子如穿着白袜一样。

【上图】宝蓝色的圆眼睛和笔挺的“罗马式鼻子”是它的特征。【左下图】伯曼猫的幼猫。【右下图】伯曼猫的成猫。体格较大、结实，雌性比雄性小一些。

Burmese

缅甸猫

缅甸猫起源于1930年，当时美国医生约瑟夫·汤普森看中了缅甸寺庙里饲养的一只名叫“旺姆”的茶色母猫，并将它带回了美国。后来，与暹罗猫交配生出的幼猫便是缅甸猫的原型，经过多次改良才形成现代缅甸猫的样子，该种猫于1936年得到公认。此外，缅甸猫与暹罗猫再次交配生出的品种就是东奇尼猫。

缅甸猫独特的被毛颜色比暹罗猫更淡，手感像绸缎一样。还有人说缅甸猫的毛色酷似缅甸特产的雪茄的颜色。

最大的特征是脸、眼睛、鼻子等部位，以及全身上下都呈浑圆的状态。缅甸猫的体型略有差别，可分为更圆润的短身体型和更纤细的不完全外国体型，前者称为“美国缅甸猫”，后者称为“欧洲缅甸猫”。另外，缅甸猫在美国的人气很高，由于它的性格特别亲近人、安静温顺，所以又被称为“仁慈的猫”。

原产国 缅甸
诞生年份 20世纪30年代
体重 3.0~6.0kg
体型 短身体型（美国）、不完全外国体型（欧洲）

被毛种类 短毛
被毛颜色 黑色、蓝色、香槟色、铂金色、霜色（粉色偏灰）等
眼睛颜色 金色

性格
活泼贪玩，非常亲近人。叫声很小，对环境的适应能力相当强，可以在集中型的住宅内安心饲养。

绸缎般顺滑的被毛与圆润的体型是缅甸猫的特征，多种颜色都得到了公认。

金色的眼睛散发出神秘的气息。

Burmilla

波米拉猫

波米拉猫的名字是由缅甸猫（Burmese）的“Burm”与波斯猫中金吉拉猫（Chinchilla）的“illa”组合而成，由此便可看出波米拉猫是金吉拉猫与缅甸猫交配后产生的品种。

波米拉猫诞生于1981年，在英国育种专家的家中，原本处于不同房间里的雄性金吉拉猫“香吉士”和雌性缅甸猫“法贝热”，因为偶然敞开的门而从房间里跑出来，邂逅了彼此，并产下4只拥有漂亮银色被毛的幼猫。

培育俄罗斯蓝猫的育种专家米兰达·冯·克奇伯格在这几只幼猫的基础上，以“亚洲猫”为种群名开始培育工作。1990年，波米拉猫成为该种群中最先得到公认的猫，它兼具缅甸猫的体型和金吉拉猫的毛色，这种身姿为它在世界范围内赢得不少人气。

而“亚洲猫”种群中除波米拉猫以外，还有全色猫、烟色猫、虎斑猫、中长毛猫，共计5个亚种，根据不同的被毛颜色和斑纹进行分类。

原产国 英国
诞生年份 1981 年
体重 3.0~6.0kg
体型 不完全短身体型

被毛种类 短毛
被毛颜色 黑色、蓝色、巧克力色、浅紫色等阴影色
眼睛颜色 黄色到绿色渐变

性格
兼具金吉拉猫的冷静与缅甸猫的调皮，能适应各种环境，叫声较大，不适合在集中型的住宅内饲养。

同时具备金吉拉猫与缅甸猫的特征与魅力。

【上图】大眼惹人爱的波米拉猫。眼角周围有“眼线”般的深色毛发。【左下图】波米拉猫的幼猫。
【右下图】被毛尖端颜色变深后形成阴影色相当漂亮。

Highland Lynx (Highlander)

高地猞猁（高地猫）

高地猞猁（高地猫）的外表看起来像野猫一样充满野性，性格却如狗狗一般忠实合群，1993年诞生于美国，是沙漠猞猁*1和丛林卷耳猫*2杂交的后代，2004年获得公认正式成为新的猫种。

从品种来看，高地猞猁与沙漠猞猁、美国短尾猫、阿尔卑斯猞猁一同构成了“沙漠猞猁族群”。这4种猫的共同点是体型结实、后肢长于前肢、趾间多绒毛、易出现多趾症……除此之外，高地猞猁还具有被毛呈非白色直毛状、卷耳的特征。

卷耳的基因源自丛林卷耳猫。卷耳高地猞猁与同类交配之后，如果生出的幼猫耳朵呈直立状，则说明其体内不会携带卷耳的基因，这种幼猫可以用于繁殖直耳的沙漠猞猁。

原产国 美国
诞生年份 1993年
体重 5.5~9.0kg
体型 长型 & 大型体型

被毛种类 短毛、长毛
被毛颜色 全色
眼睛颜色 全色

性格
性格与外表反差极大，内敛温柔，忠于主人。非常善于与其他宠物和孩子相处，拥有强烈的好奇心，偶尔也会展现出调皮的一面。

充满野性的外表与卷耳是其最大的特征。

*1 此品种拥有中型猫科动物短尾猫（Lynx rufus）的血统。*2 此品种是拥有小型猫科动物丛林猫（Felis chaus）血统的猫与美国卷耳猫杂交的后代。

高地猞猁的幼猫，需要3~4年才能长为成猫。

Havana Brown

哈瓦那棕猫

哈瓦那棕猫从爪子到胡须，全身都是巧克力色，此颜色酷似古巴哈瓦那产的顶级雪茄，因此得名。富有光泽的巧克力色，是具有海豹色重点色（巧克力色重点色）遗传基因的暹罗猫与拥有暹罗猫血统的黑猫交配的结果，据说是偶然产生的品种。

19世纪90年代首次出现在欧洲时，这种拥有栗色被毛和绿色眼睛的猫被称为“瑞士山地猫”。不过，该猫单一的绿眼睛并不受暹罗猫的爱好者们待见。

两次世界大战之后的20世纪50年代，哈瓦那棕猫终于重见天日。在英国，这种猫被认定为“异国棕栗色猫”，之后又被运到美国，才形成现代哈瓦那棕猫的雏形。被毛除了巧克力色以外，还有霜色（粉色偏灰），这是由于交配过程中混入俄罗斯蓝猫的基因所致。

原产国 英国
诞生年份 20 世纪 50 年代
体重 2.7~4.5kg
体型 不完全外国体型（美国）、东方体型（英国）
被毛种类 短毛
被毛颜色 巧克力色、霜色
眼睛颜色 绿色

性格
聪明伶俐，感情丰富，充满好奇心。有的哈瓦那棕猫具有出色的记忆力，还能掌握一定的技能。好动贪玩这点与暹罗猫相似，但也有容易嫉妒、任性的一面。

哈瓦那棕猫的幼猫。

富有光泽的巧克力色被毛，以及与被毛颜色十分相称的绿色眼睛，看起来相当漂亮。

Balinese

巴厘猫

巴厘猫作为暹罗猫的长毛种，于20世纪50年代在美国开始繁殖。在此之前也出现过半长毛和长毛的暹罗猫，但当时认为它们是“有缺陷的暹罗猫”，基本上没有作为家养宠物出售。不过，深深为它的美丽容貌而着迷的育种专家马里恩·多尔西和海伦·史密斯一直致力于让它以新品种的身份独立出来。在众多爱好者的帮助下，巴厘猫最终于在1970年得到公认。

起初，品种名拟定的是“长毛暹罗猫”，但却遭到短毛暹罗猫育种专家们的反对。后来，海伦·史密斯想到这种猫优雅的体态就如巴厘岛翩翩起舞的舞者，于是才将它取名为“巴厘猫”。

巴厘猫性格和体型的特征基本与暹罗猫相同，不过最具魅力的地方当属它那半长的被毛。尤其是尾巴和头部周围长而密的被毛，配上宝蓝色的漂亮眼睛，给人优雅华丽的印象。

原产国 美国
诞生年份 20 世纪 50 年代
体重 2.5~4.0kg
体型 东方体型

被毛种类 长毛
被毛颜色 巧克力色重点色、海豹色重点色、浅紫色重点色、蓝色重点色等
眼睛颜色 宝蓝色

性格
感情非常丰富，爱撒娇。与暹罗猫一样喜欢人，不太认生。同时也有怕寂寞、略微神经质的一面。

巴厘猫的幼猫。分为“传统型”（左）和“极端型”（右）。窄长的V字脸、大大的阔耳和宝蓝色的眼睛是“极端型”巴厘猫的特征。

【上图】在猫展上享有超高人气的极端型巴厘猫。【下图】作为饲养宠物而备受欢迎的传统型巴厘猫。尾巴上布满像羽毛饰品一样蓬松的长毛也是其特征之一。

Bambino

巴比诺猫

2005年诞生的巴比诺猫是由斯芬克斯猫与曼切堪猫交配后产生的新品种。故事要从居住在美国的奥斯本夫妇开始讲起。他们领养了一只由曼切堪猫与斯芬克斯猫交配后生下的幼猫。夫妇俩非常喜欢这只幼猫，为了将这种猫确立为新品种而不断实验，可惜屡屡失败，直到2006年才以实验品种注册成功。

柠檬形的大眼睛，三角形的阔耳，遗传自曼切堪猫的短腿和遗传自斯芬克斯猫的无毛，这些特征让巴比诺猫相当独特，再加上其婴儿般的外表和调皮的性格也非常惹人怜爱，于是奥斯本家的意大利男主人巴特决定为它取名为“巴比诺”，在意大利语中是“婴儿”的意思。另外，由于它的腿比较短，来回飞奔的样子常被形容为“像猴子一样”，可见它的运动神经也非常不错。

自注册以来，巴比诺猫的知名度渐渐攀升，但因为繁殖该品种的过程比较复杂，且需要较高的技术，所以现在的数量还不多，价格也不菲。

原产国 美国
诞生年份 2005 年
体重 2.3~4.0kg
体型 不完全外国体型

被毛种类 无毛
被毛颜色 全色
眼睛颜色 全色

性格

外向、活泼、好动，与外表相反，运动神经出色。感情丰富，但对于阳光直射和寒冷的抵抗力较弱，必须在室内饲养。

兼具曼切堪猫与斯芬克斯猫的特征。

虹膜异色（左右两眼的颜色不一）的巴比诺猫。幼猫的褶皱尤其多，仍留有褶皱的成猫品相比较理想。

Peterbald

彼得秃猫

彼得秃猫起源于1993年。早在1988年，居住在俄罗斯圣彼得堡的动物研究家奥尔加·米罗斯拉夫，用国内发现的雄性无毛顿斯科伊猫*和雌性东方短毛猫进行交配实验，结果生下4只幼猫，这便是彼得秃猫的开端。

彼得秃猫的品种名是由“圣彼得堡（St. Petersburg）”和“无毛（Bald）”组合而成的新造词，1996年之后陆续得到各注册团体的公认。不过近年来，体态优雅、四肢纤长的猫更受欢迎，受这一趋势影响，也出现了用东方短毛猫与暹罗猫交配的例子。

彼得秃猫的外表像是无毛的东方短毛猫，根据被毛的生长方式，还可以分成“无毛”亚种和毛发像铁丝一样的“有毛”亚种两类。若继续细分，无毛亚种又可分为终身无体毛的“极端型”、拥有丝绸般触感的“毛絮型”和周身覆盖1~5mm短毛的“丝绒型”；有毛的亚种又可分为周身覆盖短卷毛的“软刷型”和毛发稀疏且硬的“直立型”。

原产国 俄罗斯
诞生年份 1993年
体重 3.0~4.0kg
体型 东方体型

被毛种类 无毛
被毛颜色 全色
眼睛颜色 由肤色决定

性格

继承了顿斯科伊猫的温顺和东方短毛猫的强烈好奇心。除了贪玩、活泼以外，还喜欢与人亲近，善于社交，能与其他动物和小朋友很好地相处。

四肢纤长、身体柔软、大大的耳朵，都是彼得秃猫的特征。吊眼角的杏仁形眼睛遗传自东方短毛猫。

* 别名“东斯芬克斯猫”，1987年在俄罗斯的罗斯托夫州被人偶然发现，该品种是无毛猫的起源。顿斯科伊猫的外表与斯芬克斯猫非常相似，但它还具有天气冷时胸部和尾巴顶端会长出毛而变暖后又脱落的特性。

【左上图】身上吸收皮脂的体毛较少，需要定期洗澡。此外还要尽量避免阳光直射。【右上图】带

Himalayan

喜马拉雅猫

喜马拉雅猫的身体末端有浓郁的重点色被毛，与喜马拉雅兔相似，因此而得名。它是将长毛波斯猫与暹罗猫的重点色、蓝眼睛融于一身的新品种。

喜马拉雅猫的育种试验几乎同时在英国和美国展开，1955年在英国得到公认，1957年在美国得到公认。在此之前，英国率先培育出暹罗猫与波斯猫的杂交猫，并取名为“高棉”。之后，美国于1935年培育出暹罗猫与黑色长毛猫的杂交猫。它们都是现代喜马拉雅猫的雏形。

喜马拉雅猫的特征是拥有与波斯猫相似的圆润体型，圆溜溜的蓝眼睛、轻柔的被毛等，脸型可分为鼻子较低的“极端型”和历史悠久的“传统型”两种。作为多年来备受人们喜爱的品种，喜马拉雅猫在业界已享有一定的地位，但实际上仍有人视其为波斯猫的一种，所以改良研究的工作如今还在继续。

原产国 美国、英国
诞生年份 20世纪20年代
体重 3.2~6.5kg
体型 短身体型
被毛种类 长毛

被毛颜色 巧克力色重点色、浅紫色重点色、蓝色重点色、海豹色重点色、奶油色重点色、红色（火焰）重点色
眼睛颜色 蓝色

性格
与波斯猫十分相似，温和、听话，喜欢安静，不常叫。慢条斯理，非常容易饲养，但是相对的，它也不太喜欢吵闹的环境。

容貌清晰的传统型（东方型）喜马拉雅猫。

【上图】极端型的幼猫。【下图】拥有奶油色重点色被毛的极端型喜马拉雅猫。塌陷的扁鼻子是它的特征，这种类型的猫在猫展上尤其受追捧。

British Shorthair

英国短毛猫

英国短毛猫是最古老的猫种之一。于17世纪20年代随移民船到达美国，成为美国短毛猫的培育基础。在刘易斯·卡罗尔的童话《爱丽丝漫游奇境》中登场的柴郡猫，便是以英国短毛猫为原型创作的，而英国短毛猫也因此名声大噪。

英国短毛猫的起源可以追溯到2世纪左右，据推测在古罗马帝国侵略英国之际，为了驱除老鼠，将它带到了英国。但普遍认为英国短毛猫的祖先来自埃及。

进入19世纪，英国致力将英国短毛猫定为国产猫的品种，并积极推进品种的改良，终于在20世纪初确立了该品种。

英国短毛猫的特征是圆润的大脸、肌肉体质、短小的身体上覆盖着天鹅绒般的被毛。经过认证的颜色不少，但最具人气的还是蓝色，参加猫展的英国短毛猫也是清一色的蓝色，因此也称其为“英国蓝猫”。

原产国 英国
诞生年份 19世纪80年代
体重 3.2~7.0kg
体型 不完全短身体型

被毛种类 短毛
被毛颜色 蓝色、黑色、奶油色虎斑、三花色、蓝色奶油色、银色红棕色虎斑等
眼睛颜色 全色

性格
非常温和，喜欢安静，忍耐力强。聪明伶俐，能听懂主人的言语，个性独立，不太喜欢肢体接触。

结实敦厚的肌肉体格，威风凛凛。

厚实的被毛触感如柔软的天鹅绒一般。圆溜溜的大眼睛有金色、橙色、铜色等多种颜色。

原本就是敦厚的肌肉体质，成年后运动量较少、不好动，非常容易长胖，需要特别注意。

【上图、中图、下图】在多种毛色中最有名、最具人气的非蓝色莫属，图为蓝色英国短毛猫的幼猫。

British Longhair

英国长毛猫

作为英国短毛猫的长毛种，英国长毛猫在荷兰和美国被称为“罗兰达猫”，在欧洲被称为“不列颠猫”。

1914~1918年，因为第一次世界大战，英国短毛猫的数量骤减，出于延续血统的目的，便让它与波斯猫交配，结果生出了长毛和短毛两种猫。短毛种被纳入英国短毛猫一类，长毛种则用于繁殖波斯猫。之后，在第二次世界大战中英国短毛猫再次濒临灭绝，为了拯救英国短毛猫，于是让长毛种与俄罗斯蓝猫、波斯猫以及其他短毛猫交配。

在此过程中，时而有长毛种出生，但其存在并未引起人们的注意。到了20世纪初，这种长毛猫已经很好地融合了波斯猫与安哥拉猫的姿态，于是有人提出将它确立为独立的品种。而直到2009年，英国长毛猫才终于获得公认。

原产国 英国
诞生年份 19世纪80年代
体重 3.2~7.0kg
体型 不完全短身体型

被毛种类 长毛
被毛颜色 黑色、白色、红色、蓝色、巧克力色、浅紫色、浅茶色、浅黄褐色等
眼睛颜色 全色

拥有壮硕的体格，短圆的爪子，短胖的头和又大又圆的眼睛等特征。

性格

与人亲近、温和，慵懒的同时也有调皮的一面。会独自走来走去、玩玩具，以此来打发时间，不用太费心照料。

英国长毛猫的幼猫。

Persian

波斯猫

波斯猫的魅力在于大而圆的眼睛，凹陷的扁鼻子和柔软的被毛，是纯血统当中最为古老的品种之一，关于它的起源还不太清楚。自1871年在伦敦的猫展上亮相以来，波斯猫便被誉为“猫王”，享有居高不下的人气。除此以外，波斯猫还因为用于与喜马拉雅猫、异国短毛猫等多个品种交配而闻名于世。

说到波斯猫的祖先，就不得不提起1620年由波斯（现伊朗）传入意大利的灰猫和同时期由土耳其安哥拉传入法国的两只白猫。以这几只猫为基础，通过与不同的长毛猫交配，诞生出毛色富于变化的猫种。

其中，于1882年诞生于英国的“金吉拉猫”，便属于拥有阴影色（一半的被毛顶端有颜色，根部是白色）的波斯猫，许多爱好者都喜欢这种金色或银色被毛搭配蓝色或绿色眼睛的猫。

原产国 英国
诞生年份 19世纪70年代
体重 3.2~6.5kg
体型 短身体型

被毛种类 长毛
被毛颜色 黑色、白色、红色、蓝色、巧克力色、浅紫色、浅茶色、浅黄褐色等
眼睛颜色 由被毛的颜色决定

长而厚的被毛需要定期梳理。

性格
相当稳重，一点都不任性，也不会大声叫或是在屋里跑来跑去。个性比较独立，过度干预会引起它的不满情绪。

【左上图、右上图、下图】宛如玩偶一样的波斯猫幼猫。圆溜溜的眼睛、柔软的被毛、凹陷的扁鼻子都十分惹人爱。不过，因为鼻子过扁而引起健康的问题也不少。

波斯猫随时都摆出一副不开心的样子，实际上它的性格非常温和、安静。

养猫所需的物品 *Part 2*

🐾 猫窝

对于睡眠时间很长的猫咪来说，猫窝相当重要。猫窝的类型包括厚垫型、箱型等许多种，随着气温和季节的变化，猫咪也会有换猫窝睡觉的习惯，因此主人要结合季节、气温、湿度等多方面的因素更换猫窝，最好选择便于移动的类型。

▲ 藤编、箱型

▲ 厚垫型

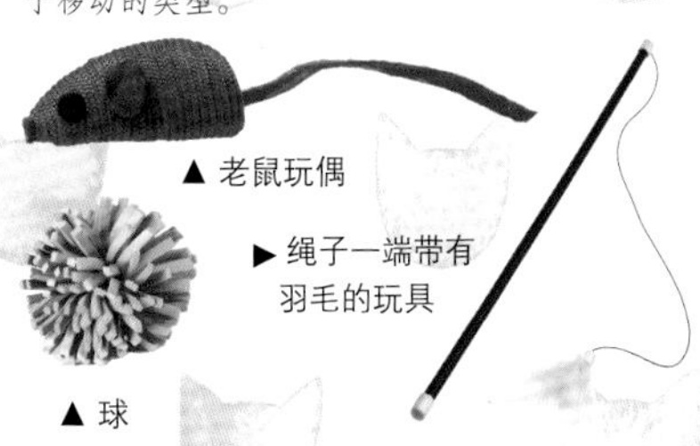

▲ 老鼠玩偶

▶ 绳子一端带有羽毛的玩具

▲ 球

🐾 玩具

逗猫棒、球、玩偶等都是解决猫咪运动不足和增进猫咪与主人感情的好帮手。对于运动量较大、性格活泼的猫咪来说，一眨眼的工夫玩具可能就被它弄坏了，还有的猫咪喜新厌旧，所以平时可以多准备几种玩具。

🐾 猫爬架

猫咪喜欢较高的场所，也喜欢上蹿下跳，如果空间够大，可以为它配置一个猫爬架。除了能解决猫咪运动不足的问题，还能让它们在柱子上磨爪子、在踏板上睡觉等，为猫咪创造一个可以自由活动、放松的独立空间。

◀ 附带猫窝和玩具的猫爬架

▶ 迷你猫爬架

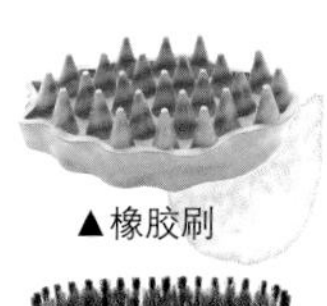

▲橡胶刷

▲针型刷

▲鬃毛刷

▲梳子

🐾 刷子

刷子除了具有解开毛球、清理脱落毛发的作用，还能促进新陈代谢、及时发现虱子和皮肤病。梳毛也是猫咪和主人间的一种肢体接触。鬃毛刷和梳子是比较基础的款式，此外，还有用于清理短毛猫体表脱落毛发的橡胶刷、用于解开长毛猫打结毛发的针型刷等不同款式，供大家选择。

🐾 指甲剪

在室内饲养的猫咪外出机会较少，指甲过长会有损坏家具和地板、伤到自己的肉垫和其他猫咪的危险，因此要定期用指甲剪帮它剪指甲。

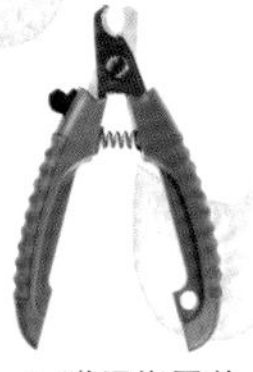

▲ 猫用指甲剪

🐾 项圈

可以选择替猫咪戴上项圈，防止散步时走丢。但是，许多猫咪都不喜欢项圈，而且容易引发意外，因此最好选择方便取下来的项圈。

▲ 带铃铛的项圈

Bengal

孟加拉猫

孟加拉猫的漂亮斑纹与豹子极其相似，这使它充满魅力。1963年，美国育种专家琴·米尔斯得到一只孟加拉野猫，与雄性黑猫的交配开启了孟加拉猫的历史。虽然这次实验取得了成功，但并未进入真正的繁殖阶段。

进入20世纪70年代，美国罗马林达大学展开了对猫白血病的研究，在“孟加拉山猫等野生猫先天具有对白血病免疫能力”的假说之下，为了制成疫苗，育种专家让孟加拉野猫与家猫进行了交配。

当时，人们为了获取毛皮，疯狂地猎捕野猫，这让琴痛心疾首。考虑到“如果宠物也有野猫一样的被毛，或许人们对毛皮的需求量就会减少”，于是野猫与家猫的交配研究再次展开。后来，琴还领养了一只在大学里出生的幼猫。

此后，经过与不同品种的交配试验，孟加拉猫的原型终于诞生。1985年，孟加拉猫第一次参加猫展时，就获得一片赞誉。

原产国 美国
诞生年份 1983 年
体重 3.5~8.0kg
体型 长型 & 大型体型

被毛种类 短毛
被毛颜色 棕色斑点虎斑、银色斑点虎斑、海豹色鲭鱼虎斑等
眼睛颜色 金色、铜色、绿色、蓝色等

性格
外向聪明、爱撒娇。继承了野猫的血统，喜欢高处，大多数孟加拉猫都不讨厌身上被弄湿，反而比较喜欢水。

漂亮的点状斑纹是孟加拉猫的特征。名字来源于孟加拉野猫的学名“P.bengalensis”。

体型较大，骨骼健壮，肌肉结实。

清晰的眼线与杏仁形的大眼睛也是孟加拉猫的魅力之一。

【上图、中图、下图】运动量较大，情绪容易低落，因此饲养时需要准备足够大的空间，能上蹿下跳的环境最好。

Bombay

孟买猫

黝黑又富有光泽的被毛，金铜色的大眼睛让孟买猫充满魅力。如同人们用“小黑豹”来形容它一样，这是以黑豹为原型培育产生的品种，名字来源于黑豹栖息的印度城市孟买。

孟买猫起源自1958年，生活在美国肯塔基州的育种专家尼基·霍纳试图培育出像黑豹一样漂亮的小型黑猫。于是，她让缅甸猫与黑色的美国短毛猫交配，但结果并不像预想的那样。经过数年的试验，仍旧没有成功。

1965年，霍纳再次挑选出雄性的缅甸猫与雌性的美国短毛猫交配，终于生下理想的幼猫，它兼具缅甸猫亮丽的被毛和美国短毛猫的金铜色眼睛。此后，她以这期间诞生的27只幼猫为蓝本，继续进行育种和繁殖。1976年，孟买猫正式注册成为新品种。

原产国 美国
诞生年份 1965 年
体重 2.5~4.5kg
体型 不完全短身体型

被毛种类 短毛
被毛颜色 黑色
眼睛颜色 金铜色或琥珀色

性格

拥有强烈的好奇心，爱撒娇，非常喜欢和主人玩耍。对环境的适应能力相当强，能与其他动物和小孩融洽相处。

漆黑的被毛与金铜色的圆眼睛给人神秘的印象。

【上图、下图】与其他的黑猫不同，孟买猫的特征是体表覆盖着一层细密的短毛，手感如绸缎一般。外表看起来像黑豹一样，会让人误以为它非常活泼，但实际上性格比较沉稳，十分亲近人。

Munchkin

曼切堪猫

曼切堪猫像腊肠犬一样拥有短小的四肢。它的名字源于电影《绿野仙踪》中登场的小矮人一族的名字"munchkin"，该英语词的含义是"小家伙"。

虽然在1944年，英国的报告中就会偶尔出现基因突变的短腿猫，但该品种的历史起源，却是1983年在美国路易斯安那州一辆卡车下发现的短腿流浪猫。这只名叫"黑莓"的母猫怀孕后，生下的幼猫有一半拥有短小的四肢。育种专家收养了其中一只短腿的公猫，为它取名为"图卢兹"，此后才开始真正的育种工作。

曼切堪猫于1991年首次出现在纽约的猫展上，有的人质疑它带有遗传基因疾病且免疫力较弱，也有的人被它可爱的身姿所吸引，双方展开了一场激烈的争论。不过，从那以后四肢短小的猫常见于美国各地，这也减小了近亲交配的风险。1995年，曼切堪猫作为新的猫种，得到TICA*的认定。

原产国 美国
诞生年份 20世纪90年代
体重 5.5~9.0kg
体型 不完全外国体型
被毛种类 短毛、长毛
被毛颜色 全色
眼睛颜色 全色

性格
忠实、感情丰富，具有相当强烈的好奇心，善于社交。能与其他宠物和小孩子友好地相处，单独把它留在家里也没问题。经常出差或独居的人也可以放心饲养。

曼切堪猫的四肢如腊肠犬一样短小，可以用后脚支撑站立。

*未取得国际血统注册机构CFA（美国）和FIFe（法国）的公认（截至2014年）。

【上图】长毛的曼切堪猫，被毛可以将四肢遮住。【下图】拥有强壮的骨骼，虽然是略带弧度的不完全外国体型，但由于四肢短而显得躯干细长。

Maine Coon

缅因猫

缅因猫是美国最大、最古老的猫种，拥有可以适应北美严寒环境的厚实被毛和壮硕的身体。它原产于美国东北部缅因州，体形以及狩猎习性与浣熊相似，因此才用“缅因州（Maine）”和“浣熊（Racoon）”组成它的名字。

关于缅因猫的起源尚不清楚，历史上倒是留有不少它的传说和奇闻。比如，有传闻称1793年在法国，玛丽·安托瓦内特试图在行刑前带着自己的6只土耳其安哥拉猫乘船逃跑，但计划失败，最后只有猫到达缅因州的威斯卡西特海岸，这些猫便是缅因猫的始祖；还有一种说法称缅因猫是浣熊和当地猫杂交产生的独一无二的品种；而最有力的说法是，由于缅因猫与挪威森林猫有诸多的相似点，推断出它可能是11世纪随着维京船队来到北美的北欧猫，与当地的土猫杂交后诞生的品种。

原产国 美国
诞生年份 18世纪70年代
体重 4.0~9.0kg
体型 长型＆大型体型

被毛种类 长毛
被毛颜色 全色
眼睛颜色 由被毛颜色决定

性格

非常温柔沉稳，喜欢与主人一起玩耍。学习能力强，聪明伶俐，会开门、开水龙头，十分机灵。

为了抵御冬天的寒冷，睡觉时会将身体蜷起来作为御寒的工具，尾巴上的毛长而蓬松。

体格较大、性格温和，因此缅因猫还被人们亲切地称为“温柔的巨人”。尖耳朵的顶端还有名为“耳须”的饰毛。

European Shorthair

欧洲短毛猫

欧洲短毛猫也被称为“欧罗巴猫”或“凯尔特短毛猫”，是源于芬兰和瑞典的猫种。原本是自然生长在欧洲村落里的土猫，与英国短毛猫和美国短毛猫一样，也是为了确立、保存一种品种而注册的新品种。

以前，欧洲短毛猫与英国短毛猫属于同一种群，即便参加猫展时也没有区分。不过，1982年，FIFe*将斯堪的纳维亚半岛土生土长的猫定义为“欧洲短毛猫”，并予以注册，此后欧洲短毛猫才从其他品种中脱离出来，成为独立的品种。

后来，该品种的多种颜色和体型等都得以确立，但由于公认的机构较少，且与英国短毛猫和美国短毛猫非常相似，所以，它在育种专家中的人气不高，数量也比较少。不过，该品种的改良工作现在仍在继续，未来也值得期待。

原产国 欧洲
诞生年份 1982 年
体重 3.5~7.0kg
体型 不全短身体型

被毛种类 短毛
被毛颜色 全色
眼睛颜色 由被毛颜色决定

性格

沉稳、感情丰富、贪玩。对于领地的意识比较强，但能与狗、小孩很好地相处，而且擅长捕鼠，最适合家庭饲养。

与英国短毛猫相比，体型较为细长，给人轻快的印象。

＊欧洲最大的血统注册协会，总部位于瑞典（详情参照第 5 页）。

别名“凯尔特短毛猫”，在欧洲本地人当中的人气非常高。

Ragdoll

布偶猫

布偶猫的被毛丰厚、蓬松，在猫当中属于体格比较大的类型。它的名字在英语中是“玩偶”的意思，与一般的猫不同，布偶猫不会抵抗人的拥抱，会像玩偶一样乖乖地待着，因此而得名。

布偶猫的历史可追溯到20世纪60年代的美国加利福尼亚州，当地的育种专家安·贝克让一只名为“约瑟芬”的白猫分别与波斯猫、伯曼猫、缅甸猫交配，生下的幼猫便是布偶猫的原型。贝克对这种猫非常有信心，她没有通过现有的注册机构进行注册，而是自己成立了名为IRCA（International Ragdoll Cat Association）的机构，从事布偶猫的培育工作，同时声称“只有与IRCA签订过特许合约的育种专家才能繁殖布偶猫”。

但是，1975年对该机构持怀疑态度的人们不顾合约，用先前得到的幼猫开始新的繁殖，最终获得正式注册机构的认定。另外，IRCA于1994年解散，从该机构独立出来的人们以布偶猫为蓝本，培育出“褴褛猫”这一新的品种。

原产国 美国
诞生年份 20 世纪 60 年代
体重 3.5~7.0kg
体型 长型 & 大型体型
被毛种类 长毛
被毛颜色 以蓝色为主的双色重点色、海豹色斑重点色、巧克力色重点色、浅紫色重点色
眼睛颜色 蓝色

性格
温和大方，拥抱它的时候基本不会抵抗，听话安静，很少会伸出爪子抓东西，即便是初次养猫的人也非常容易饲养。

布偶猫的体格比较大，而且相当结实。需要 3~4 年才能长为成猫。

【左上图 / 右上图】布偶猫的幼猫。身体末端有颜色较深的重点色，非常可爱。【下图】布偶猫的性格十分大方、与人亲近，喜欢被主人抱，在猫中属于比较珍贵的品种。

拥有漂亮的浅色、奶油色重点色被毛的布偶猫。蓬松的被毛与身体末端部分的浓郁重点色、摄人心魂的蓝色大眼睛，都是它极具魅力的地方。

LaPerm

拉邦猫

猫如其名（拉邦猫的英文名中“Perm”表示烫发、卷发），覆盖全身的柔软卷毛是拉邦猫的特征。1982年，在美国俄勒冈州，经营农场的科尔夫妇饲养的猫生产了，其中一只幼猫开启了拉邦猫的历史。

这只猫与父母和兄弟完全不同，刚出生时是无毛的状态。当时，科尔夫妇十分担心这只幼猫的健康状况，不过出生后第8周，它开始慢慢地长出一点被毛。数月之后，它的全身都长出了蓬松卷曲的被毛。如外表一样，这只猫被取名为“科里（Curly）”。科里长大后生下的幼猫中，有5只与它一样是卷毛。此后，拥有卷毛的猫经过世代遗传，数量不断增加。

当初，科尔夫妇对培育品种并不感兴趣，但在周围人的劝说下，他们参加了猫展，并引起极大的关注。借此机会，妻子琳达开始了育种工作，并在2003年得到最初的公认。不过，作为品种来说，拉邦猫的历史尚浅，个体数量较少，属于稀有品种。

原产国 美国
诞生年份 1982年
体重 3.4~6.3kg
体型 不完全外国体型

被毛种类 短毛、长毛
被毛颜色 全色
眼睛颜色 全色

性格
情感丰富、爱撒娇，非常喜欢和人待在一起。原本是饲养在农场，用来驱除有害动物的“工作猫”，所以也有活泼好动的一面。

长而厚的被毛需要定期梳理。

【上图】三花色的拉邦猫。【下图】标志性的被毛。为了避免被毛打结，每天需要梳理一次，除此之外，卷毛比较容易脏，最好定期给它洗澡。

Russian Blue

俄罗斯蓝猫

俄罗斯蓝猫拥有如绢丝一样顺滑的蓝色被毛，以及迷人的翡翠绿双眼，曾深受俄国沙皇和英国维多利亚女王的宠爱，也因此为人们所知。

据说，在北极圈附近的天使岛，还有俄罗斯的西北部城市阿尔汉格尔斯克的港口，自然产生的猫便是俄罗斯蓝猫的祖先。19世纪60年代，一些猫随俄罗斯商船到达英国，随后被转到英国和北欧的育种专家手里，继而诞生了现代俄罗斯蓝猫的原型。

传入英国时，这种猫被称为“阿克汉格猫（蓝天使猫）”，并于1875年首次出现在伦敦的猫展上。它高贵漂亮的容貌让爱好者们为之着迷，使得繁殖工作得以展开。1912年以“外国蓝猫”的名字注册。此后，与其他猫的命运一样，在第二次世界大战之后数量锐减。为了使该品种数量恢复，于是让其与暹罗猫、英国短毛猫等杂交。

原产国 俄罗斯
诞生年份 19 世纪
体重 2.2~5.0kg
体型 外国体型

被毛种类 短毛
被毛颜色 蓝色
眼睛颜色 绿色

蓝色的被毛与深邃的翡翠绿双眼，以及优美的体态，给人高贵的印象。

性格

非常文静温顺，很少叫唤，因此也被称为“无声猫”。另外，它也有敏感、充满戒备心的一面，除主人以外，很难对其他人敞开心扉。

嘴角微微上扬，给人的感觉像是在微笑一样。这种独特的表情被称为“俄式微笑”。

【上图、中图、下图】俄罗斯蓝猫的幼猫。

拥有柔软密实的被毛，对寒冷的抵抗能力较强。而另一方面则不太耐热，夏季需要开空调给它降温。

TITLE: [猫の本 世界の猫48種類　改訂版]
BY: [日販IPS]

图书在版编目（CIP）数据

猫 / 日本日贩IPS编著；何凝一译. -- 石家庄：河北科学技术出版社，2018.3（2023.10重印）
ISBN 978-7-5375-9419-6

Ⅰ.①猫… Ⅱ.①日… ②何… Ⅲ.①猫—介绍 Ⅳ.①S829.3

中国版本图书馆CIP数据核字（2018）第005715号

猫
日本日贩IPS　编著　　何凝一　译

策划制作：北京书锦缘咨询有限公司
总 策 划：陈　庆
策　　划：滕　明
责任编辑：刘建鑫
设计制作：王　青

出版发行　河北科学技术出版社
地　　址　石家庄市友谊北大街330号（邮编：050061）
印　　刷　河北文盛印刷有限公司
经　　销　全国新华书店
成品尺寸　145mm×210mm
印　　张　4
字　　数　50千字
版　　次　2018年3月第1版
　　　　　2023年10月第15次印刷
定　　价　39.80元